A Walk into a Gothic Cathedral

German and French Cultural Heritage

A Walk into a Gothic Cathedral

German and French Cultural Heritage

后浪出版公司

走进一座大教堂

范毅舜——著
Nicholas Fan

CNS | 湖南美术出版社

走进一座大教堂，从头说起吧！

我第一次到欧洲是1991年秋天，那时我刚忙完一个大型摄影展，身为教徒又从事艺术工作，我初游欧洲的心态直比朝圣。尔后，我常有机会到欧洲，也陆续为蓬勃的旅游媒体制作专题。1999年，我应台湾某杂志邀约，前来书写、拍摄欧陆，尤其是德、法两国的文化遗产行旅专题。近五年时光，我前后制作了近三十个欧陆专题，这经历直让我有读了个另类欧洲大学之感。除了大小不一的欧陆专题，2005至2006年间出版的《走进一座大教堂》《法国文化遗产行旅》《德国文化遗产行旅》三本书更为这行旅画下脚注。

被我戏称“欧洲三部曲”的三本书，虽已绝版，却仍有读者询问。为此，出版社决议重出。这回，我们特别将它们集结成一册，并删减了部分重复内容。

这书初版迄今已近十个年头，然而出版在互联网威力下已改变甚多。重整这三本书，更让我怀念那段没有网络的岁月，纵然信息不便，我却能更潜心、认真地端详、凝视德法那一座座有古老历史、无法取代，美得无以复加的遗迹景观。尤其是书中每一张影像，当年都以底片，甚至架三脚架拍摄。怀着虔敬心情的工作模式，除了让我对每一个景点记忆犹新，更完整保留了当下悸动。

距第一次欧游已近四分之一世纪，我对欧洲已有不同观感。例如2011年出版的《山丘上的修道院》，我更有自信地书写与自身历史文化全然不同的欧陆专题，然而改版的《走进一座大教堂——探寻德法古老城市、教堂、建筑的历史遗迹与文化魅力》仍保留了经过整理与沉淀的第一印象，这对想从德、法文化遗迹认识其历史的读者应有帮助。

欧洲文化思想源头，除了古希腊罗马文化，就是绵延至今的基督信仰。想要了解欧洲文化，一定得对这信仰有基础认识，而最能具象这信仰的，莫过于无处不在的教堂，尤其是兴起于13世纪，几乎成为该地地标的哥特式大教堂。为此,我们仍将“走进一座大教堂”作为本书的起点，第二、三部分则为“德国”及“法国”的文化遗产行旅。

互联网拉近了国与国之间的距离，地球另一端，当下发生的事，可在远程计算机屏幕上同步观看。欧洲，距我第一次到访，已变化甚多，例如边界大开，欧盟、欧元诞生，任何事物，牵一发动全身地关系着欧盟甚至世界的命运。

“国家认同”的词汇，10世纪初首度在欧洲出现，然而整个欧洲，分裂为数十个大小不一的国度，也是几百年后的事了。曾经被以“单一国家”来看待、书写的历史遗迹，在欧盟大旗下，今日几乎可以以一种“区域”性的概念来解读，因而扩大、深化了人文思考范畴。然而由于种族、历史差异，我们仍可发现这些国家的文化遗迹不尽相同。例如德国，由于国家形成时间甚晚，而出现了全然不同于法国的遗迹面貌。19世纪以前的德国,虽然在“神圣罗马帝国”招牌下，却是一个由三百多个小诸侯国组成的地区。为此，日耳曼境内拥有为数众多灵巧、如童话般的宫殿与精致建筑应不足为奇。

在走访德法遗迹时，我深深觉得:要能清楚观照一个与自身文化没有太多关联的历史遗迹,需要一个清晰、宏观甚至超然的历史坐标。采访这些遗迹与探索其背后历史，我自然以一个大中华角度来思考定位，这除了让我了解自身文化与当时世界的关系外，更让我对因政治立场而否认，甚至扭曲历史源头的论断，非常不以为然。

我很庆幸走访欧陆，尤其是德、法两国遗迹时，正值壮年，能开放又自在地接受不同文化洗礼。了解自身所处位置，应更能帮助我们面对未来。欧洲的教堂及德、法文化遗迹行旅,丰富了我的人生。至于更深邃宽广的人生命题，在欧陆发扬光大的基督信仰已着墨甚多，何不让我们“走进一座大教堂”，从头说起吧!

原生自基督信仰的各派别宗教

国人对源自同一个基督信仰的天主教、基督教、东正教辨识不清？这部分，没有正本清源的字词翻译得负不少责任。

两千多年前，基督的门徒自地中海到罗马传教。3世纪后，君士坦丁大帝将这信仰奉为国教，且以罗马公教会（Roman Catholic Church）称之，就是我们俗称的天主教。天主教虽取代了古希腊、罗马的多神教，很多礼仪却承继自这多神教传统。

奉天主教为国教不久，君士坦丁大帝又将首都由罗马迁往君士坦丁堡（今日的伊斯坦布尔），种下了天主教会分裂的远因，原罗马帝国因迁都而造成政治中枢中空。为此，帝国境内的主教逐渐取代原有的政务官员，身为领导人的教皇，日后更成为欧洲最有权势的人。定都于君士坦丁堡的东罗马帝国，建立了拜占庭文化，但由于神学观点不同，东西两个教会逐渐产生分歧。11世纪，源自同一个信仰的教会终于分裂，为别于被拜占庭视作异端的天主教会，君士坦丁堡以正统教会（Orthodox Church）自居，就是一般人所说的东正教。

公元16世纪，原为天主教教士的马丁路德在今日德国境内，为了抗议罗马天主教的赎罪券恶行，而在奥格斯堡公开反对中央极权的天主教会，由自称为反对者（Protestant）的马丁路德所衍生出的教会，通称为誓反教派（Protestant），也就是基督教（又称新教）。自旧教分裂出的基督教，因为神学观点不同，又衍生出许多教派。

属于新教一支的英国国教派（Church of England）也是从罗马天宅教分裂而出，16世纪初，英王亨利八世由于离婚，不被罗马教皇允许，而自立为国家最高宗教领袖，分裂出的教会也称作圣公会或安立甘宗（Anglican Church），圣公会后来又分裂为浸信会（Baptist Churches）、长老教会（Presbyterianism）、美以美教会（The Methodist Episcopal Church），这几个从圣公会分出的基督教会，后来也随着移民，成为澳洲、美洲大陆国家的几个最大的基督教会宗派。

在西方，一个人自称是基督徒（Christian），再报出自己的教会，例如天主教（Roman Catholic）或基督教（Protestant）两大不同体系，再细说自己属于圣公会（Anglican Church）或长老教会（Presbyterianism），除了不会混淆，更可以马上知道教派来处。中文对教派翻译，向来不在意。例如，“天主教”这词相传是由明朝一位官员随口说出，与原意毫无关系，却沿用至今，造成很多人不知道西方教会分裂来由。既然闹不清什么是天主教、什么是基督教，那说出天主教只拜圣母的谬论，也就不足为奇了。

基督信仰犹如儒家文化在中国，几乎是西方文化的源头，这个信仰绵延了两千年，堂堂进入21世纪。占世界三分之一人口的基督徒，年年以不同的形式庆祝基督诞辰的圣诞节与受难后复活的复活节。虽然在同一个信仰下，分布在全球各地的基督徒却由于地理、历史甚至经济发展的脉络不同，而有着较开放或保守的面貌，各持己见的双方有时虽然水火不容，却也显示人们在这信仰中如何为人生定义。

西方历史中，一个个自正统教会中分裂出的教会，由于当年与当权者挑战，相当具有革命色彩。21世纪的今天，虽仍有例如同性婚姻、堕胎等争议，整个基督教世界却已几乎不再见危及生命的宗教迫害事件。唯我独尊的罗马天主教会更在20世纪60年代召开的第二次梵蒂冈大公会议中，明文指出“其他信仰一样可以找到真理”，为人类的和平共融迈进了一大步。

就算不是基督徒，我们依然可以从一个历史、文化的角度来了解这信仰在西方社会造成的影响：或许你不知就连先进的日耳曼语系境内至今仍有宗教税这玩意？就连闻名全球的瑞士钟表业当年得以在瑞士兴起也与法国彼时的宗教迫害有密切关系。西方基督信仰中，一页页灿烂、晦暗、血腥、愚昧的历史中，除了反映出人类自身的命运，更将有限人性、追求至上永恒的特质表露无遗。

目 录

contents

Part 1
哥特式大教堂

Part 2
法国文化遗产行旅

目 录

contents

Part 3 德国文化遗产行旅

Part 1

哥特式大教堂

教堂与基督教信仰

Chapter 1

教会的兴起揭开了所谓“中世纪”（The Middle Ages）的序幕，西欧基督教会一改原先受迫害的悲情角色，在公元4和5世纪时开始迅速发展，几个世纪后终于获得天时、地利、人和的全面胜利。权倾一时的主教大人在训练有素的行政人员协助下，在西欧各地所属的管辖区内，开始兴建象征权力、知识与信仰光辉的大教堂。

基督信仰为中心的教堂

在西方古老的诸神中，耶稣基督是第一位强调战胜死亡、死而复生的宣道者。身为木匠之子的耶稣两千年前在耶路撒冷殉道后，他的门徒开始离开家乡到各地传教，更将这信仰传入了钉死耶稣基督的罗马帝国。今日我们所见的西方大小教堂，包括天主教、基督教、路德教派……众多教派及其教堂，都是以基督信仰为中心。

前跨页：圣米歇尔山修道院教堂（The Abbey Church of Mont Saint Michel）的主堂与唱经席。光线的巧妙运用使教堂内充满神圣的气息。

右页：施派尔大教堂位于东边的地下室里葬有八位昔日日耳曼地区的皇帝。这座著名的地下室由半圆顶室一直延伸到耳堂。庞大的地下室被大柱子分成三个部分。在主要的中间部分还有七座昔日供礼仪使用的小圣堂。

米兰诏书

与罗马帝国精神格格不入的基督信仰的信徒饱受迫害，直到公元313年，罗马帝国的君士坦丁大帝颁布了历史上著名的米兰诏书，宣布基督教为合法宗教，原先遭镇压只能在地下进行秘密集会的基督徒，终能重见天日。为了聚会的需要，基督徒开始兴建聚会场所。

米兰诏书另一个重要的发展，就是主教（Bishop）终可在君王的城墙内兴建自己的居所及行政中心。早在基督信仰公开化之前，基督徒已有了自己的宗教组织，在每一个地区的团体之首，则为管辖当地信仰组织的主教。公元325年在尼西亚（Nicaea）地方召开的宗教会议中，明确规定主教得定居于当地，且在所在地组织自己的行

沙特尔大教堂西正面大门上方的雕刻以《圣经·启示录》为主题，中央是耶稣基督，围绕着耶稣的四种动物象征四部福音。

政系统。在众多区域主教之中，权力最大的是定居于曾有无数教徒殉教的所在地罗马、世人称之为“教皇”（Pope）的最高行政长官。

教会的兴起揭开了所谓“中世纪”的序幕，西欧基督教会一改原先受迫害的悲情角色，在公元4和5世纪时开始迅速发展，几个世纪后终于获得天时、地利、人和的全面胜利，权倾一时的主教大人在训练有素的行政人员协助下，在西欧各地所属的管辖区内，开始兴建象征权力、知识与信仰光辉的大教堂。

维尔茨堡的圣基利安大教堂，建于公元6世纪，为德国南部最著名的罗马式教堂之一。

从古希腊城邦教会到大教堂

大教堂（Cathedral）今日给人的感觉就是基督信仰建筑物的代表，也几乎是那些通天哥特式教堂的同义词。“Cathedral”源自希腊文的“Cathedra”，字意上有御座、神座、王权之意，原指当地主教的座堂与其行政中心所在地。

公元4世纪，由地下转为公开化的基督徒，在为自己兴建聚会礼拜的建筑物时，几乎全未以属于国家财产的异教庙堂为建筑模板，反而是全部参考当时的罗马公众建筑物，就是在管理方面也不似同时期异教徒的庙堂：只对特定教士祭司开放，而不是一般大众。

在众多公共建筑物中，基督徒独钟的是类似古罗马帝国时代的长方形巴西利卡会堂（Basilica），一种有着法院、会场、金融中心等功能的市民建筑物。

巴西利卡会堂通常由两排平行的柱子将空间分隔为三个部分，有的在会堂另一端（或两端）还会有突出的半圆顶室（Apse）。会堂屋顶由木材所建，有的还有天花板覆盖；由于屋顶重量不大，因此会堂内可开庞大的高窗而显得明亮无比。早期的西欧教堂或许还有其他零星的建筑形式，但绝大多数的建筑物就是以这种风格为依归来兴建由希腊城邦教会（Ecclesia）转变而来的教堂（Church）和大教堂。

一直到更高耸庞大的哥特式大教堂出现前，早期的西欧大教堂除了少数的特例，几乎全是史学家称之为罗马式（Romanesque）的建筑风格，当时所有的教堂几乎都是为了礼拜与聚会之用，所谓“上帝之屋”的概念尚未出现。

右页：位于德国特里尔的一座典型罗马式教堂，这座结构简洁的教堂是城里最著名的古老建筑之一。

加洛林王朝及教堂的演变

罗马帝国的灭亡揭开中世纪的序幕，法兰克国王克洛维（Clovis）在公元499年于今日法国境内的兰斯（Reims）受洗为基督徒后，中世纪于焉开始。

一直到8世纪查理曼（Charlemagne, 742—814）大帝统一欧洲大部、加洛林王朝（Carolingian Empire）开始前，欧洲一直处于动荡不安的状态。这段时期罗马天主教会虽然仍有疆域的限制，却一直努力使甫安定下来的异族皈依于基督信仰之下。

兴建于公元800年的亚琛大教堂，是加洛林王朝少数的宗教建筑。

坐落在亚琛大教堂西面二楼回廊上的查理曼大帝御座，与主堂祭台遥遥相对，白色大理石打造的御座，象征皇帝的地位介于天国与臣民之间。这座造型极为简单的椅子，曾是轰动全球的《魔戒》电影系列中，人类国王御座的灵感来源。

公元800年查理曼大帝在今日德国境内的亚琛市（Aachen）由罗马教皇加冕为皇帝，雄心万丈的查理曼大帝想借着宗教力量，一统自公元4到5世纪以来基督徒所分布地区，重建一个罗马帝国。

荣景不长，查理曼大帝死后不久，原本安定、建树无数的王朝再度四分五裂，随着维京人（Vikings）及马札尔人（Magyars）的入侵，西欧大陆再度变得不安定。虽然如此，短暂的加洛林王朝在建筑及艺术方面仍有了不起的成就，在教堂方面，查理曼大帝加冕的亚琛皇家教堂就是此时期极具代表性的教堂（虽然这座教堂直到1929年才升格为主教座堂）。

加洛林王朝时期，随着宗教礼仪的改变，教堂形式也有了极大的转变，首先是教会的行政人员开始在大教堂旁边兴建自己的寓所。而在某些地区，像梅斯（Metz）这地方的主教，极力在教堂内将神职人员与一般普罗百姓区隔开来，神职人员将自己区隔在祭台后的唱经席内（虽然此时期唱经席还未正式成为日后的建筑名词）；唱经席后，大教堂东边的半圆顶室则为主教的御座所在地。在唱经席及半圆顶室地下层则为日后埋葬主教的地下室（Crypt），主教们长眠于此，主要是想藉由供奉于此的圣人遗骨，而得到圣者的庇荫。

这项改变有别于昔日的罗马帝国传统，罗马人向来是将逝者远远地葬于城墙之外。但中世纪人们希望能受到圣人护佑，及受人们祈祷纪念，此观念改变了罗马帝国的殡葬传统，随着教堂内及周围墓地的兴起，昔日罗马帝国的大墓园已不复见。

罗马式教堂的兴起

公元10世纪通常被史学家视为充满灾难的黑暗时期（如果真有所谓黑暗时期）。随着加洛林王朝最后一位统治者的逝去，从属的法国也遭致了空前的灾难，意大利更处于无政府状态，入侵者再度反扑。

在今日德国境内的萨克森地区（Saxony），奥托（Ottonian）帝国随着新的封建制度兴起，再加上11、12世纪教皇及教会的更新、十字军的东征、新兴的王国、城市生活的改变、经济及人口的稳定成长及大批的朝圣客，促成了罗马式大教堂的诞生。

西欧大地，尤其在日耳曼的奥托一世（Otto I）王朝之时，大教堂如雨后春笋般出现。公元10世纪时，大型的建筑工程只零星散布在西欧的重要城市内，但在随后的一百年中（尤其在今日的德国境内），大教堂被改建或整个重建，因此今日的德国境内仍拥有无数傲人的罗马式大教堂。虽然这些大教堂日后仍有所改建或修复，但其原有的庞大简单的厚实结构仍令人相当震撼。

往法国、英国等地迁徙的意大利僧侣，也将罗马样式带到他们所经过的地区。因此法国境内有不少古老的罗马式修道院，罗马式的建筑在法国也有僧院式建筑的别称。今日法国普罗旺斯境内就有数座非常著名的罗马式修道院建筑，像是以薰衣草景观闻名的塞南克（Sénanque）修道院及勒托罗纳（Le Thoronet）修道院，就是最著名的代表。尤其是后者，简单浑厚的式样，将信仰中那种单纯朴实及宁静气质发挥得淋漓尽致。对宗教建筑的爱好者而言，若是不喜爱哥特式教堂里那种繁复的装饰，罗马式宗教建筑将会深深打动他们的心灵。

位于莱茵河不远处的本笃会玛利亚拉赫（Maria Laach）修道院是欧洲最重要的罗马式宗教建筑。初建于公元1093年的大修道院教堂，今日仍有例行的宗教祈祷在此举行。

罗马式教堂的建筑结构

今日我们所熟悉的“罗马式建筑”这个名词是源自19世纪，因其筒型拱顶（barrel vault）类似罗马式建筑的拱顶（Roman arch）而得名。

右页：德国最古老的城市特里尔（Trier）城内最重要的圣彼得主教座堂（Dom St Peter），是德国境内最古老的教堂。这座以公元4世纪教堂为原址兴建的大教堂，今日的式样是公元11世纪兴建的，有六座尖塔，是日耳曼境内最伟大，也最具有代表性的罗马式大教堂。

公元9世纪到12世纪之间，大量的朝圣客，喜欢去各地朝拜圣人的遗骨（圣髑），祈求降福及奇迹，尤其是今日往西班牙境内圣地亚哥（Santiago）的路上，朝圣客更是络绎不绝。往昔类似古罗马巴西利卡会堂的建筑物已不敷数量庞大的朝圣客使用，此时人们就开始建筑类似拉丁十字架形状的大教堂。

朝圣者进入大教堂主堂后，再经过耳堂，沿着环绕祭台外的回廊，前去朝拜供奉在此处的圣人圣髑。大教堂的石制屋顶十分沉重，使得支撑它的墙面变得非常厚实，也为此窗户不能开得太大，以支持屋顶的重量。罗马式教堂内部一般而言都不明亮就是肇因于此。

紧接其后出现的哥特式大教堂大多继承罗马式的建筑结构，只是在新的建筑技术发明后，哥特式大教堂得以将屋顶的重量经由飞扶壁层层往地表传递下去，使得墙面可以更薄且能置入大型花窗，整个空间因此变得比罗马式建筑更为明亮。

前跨页：塞南克修道院是位于法国普罗旺斯的一座罗马式修道院，大片的薰衣草田为古老的宗教建筑妆点出亮丽的色彩。

为了支撑屋顶的重量，罗马式建筑的墙面相当厚重，窗户也因此无法做大。图为圣雷米大教堂的罗马式墙面。

罗马式会堂建筑的剖面图与平面图。可以清楚看出典型的罗马式会堂建筑结构，两排纵向的柱子将空间分隔成三个部分。上图为17世纪法国建筑师克劳德·佩罗（Claude Perrault）的手稿，下图为16世纪意大利建筑师彼得罗·卡塔内奥（Pietro Cataneo）的手稿。

后跨页：特里尔的圣彼得主教座堂是德国境内最著名的罗马式大教堂。厚重的石柱及墙面，清晰地呈现了罗马式建筑的浑厚风格。

上、左、右：于12世纪建立的勒托罗纳修道院，是西多会修士在普罗旺斯建立的三大修道院建筑之一，也是西欧的罗马式建筑经典之作。

罗马式修道院建筑

中世纪修道院制度的兴起，使得这个时期欧洲在建筑与艺术上的成就，尽荟萃于修道院中，修道院成为中世纪宗教建筑最具代表性的象征。
从信仰的凝聚力衍生为创造力，10至11世纪时，出世隐修成为一股风潮，修道院纷纷设立，建筑形式多采用罗马式风格。
最初承袭旧时基督教的建筑风格，为防止火灾，再以石材取代原有的木结构屋顶。经过不断的演变，罗马式建筑坚固浑厚的特色，在哥特式建筑盛行前，引领潮流近两个世纪之久。

后跨页：勒托罗纳修道院中庭回廊洋溢着一种空灵静谧的神圣气质。

哥特式大教堂的兴起

Chapter

2

西欧无所不在的哥特式大教堂今日几乎已成为大教堂的同义词。西欧何以在公元 1000 年后的两个世纪中修建了这么多的教堂？尤其是当时的欧洲人口比现在少很多，又何须兴建这么大，就是在今日重要宗教节庆也坐不满的教堂？一个农业文明的社会为什么有能力负担耗费如此庞大，就算工业社会也难以维持的巨型建筑？

哥特式大教堂兴起的背景

要如何形容第一次与这些大教堂面对面的情景？尤其在这一切讲求速成及效率的年代里，初见这庞大的建筑物往往令人感到震撼得不知所措。“站在这些大教堂前会让人感到谦卑！更会对中世纪西欧人们在信仰中呈现的耐心、鉴赏力和热诚感到惊叹。”曾有史学家这样写道。一座座大教堂不仅彰显着西欧中世纪的宗教思想内涵，其精妙的艺术成就更使大教堂在充斥硝烟血腥的历史迷雾中显得卓而不群。

西欧何以在公元1000年后的两个世纪中修建了这么多的教堂？尤其是当时的欧洲人口比现在少很多，又何须兴建这么大，就是在今日重要宗教节庆也坐不满的教堂？一个农业文明的社会为什么有能力负担耗费如此庞大，就算工业社会也难以维持的巨型建筑？

著名的史学家威尔·杜兰（Will Durant）在他的《世界文明史》一书中曾这样写道：“人口很少，但他们有信仰；他们很贫穷，却肯施予。”除了主观的信仰热情，客观条件方面，11到12世纪间欧洲人口增长了一倍多，构成了大教堂兴起的必要条件，伴随人口增长而来的城市的扩张、农业的兴盛、贸易的发展和连结城市交通的道路、运河、桥梁的兴建，也刺激了新的建筑技术产生。

前跨页：普罗旺斯的圣玛德琳大教堂唱经席。沐浴在晨光中的十字架，显得神圣而辉煌。

右页：沙特尔大教堂为哥特式大教堂的最完美典范。有两座尖塔、玫瑰花窗、三座拱门入口的沙特尔大教堂，是欧洲大陆少见的完整哥特式大教堂。

巴黎塞纳河畔的巴黎圣母院，是哥特高峰期另一座重要的经典建筑。初建于公元1163年，花了近两个世纪才得以完工。这座大教堂由于位于首都的地理优势，而与法国近代历史息息相关。19世纪初拿破仑在这里加冕。法国大革命时期，大教堂除了像法国其他地区的大教堂一样被改作为理性之殿外，还受到严重的破坏。19世纪的法国大文豪雨果（Victor-Marie Hugo）的一本以圣母院为背景的小说《巴黎圣母院》（即《钟楼怪人》）对同时代人们造成极大的影响，雨果对哥特建筑的赞美终于扭转了当时人们对哥特建筑的成见。

信仰的热情与世俗的虚荣心

右页：美丽的哥特式大教堂在19世纪时才得到公平的对待，在此之前，文艺复兴时期它一直被视为野蛮人的建筑。查理曼大帝位于亚琛的宫廷教堂，主堂后的唱经席为哥特式的杰作。纤细的梁柱配上大片大片如墙面大小的彩色玻璃，为这座无与伦比的唱经席赢得了“亚琛灯屋”的美名。

除了这些较表象的实际因素，彼时世俗的行政系统，在效率与组织方面远比不上由当地主教所领导的训练有素的行政系统，主教大人的世俗权力随着宗教力量逐渐扩大，最后几乎达到无人能抗衡的局面，各地主教在此时期除了领土越来越多，财富也跟着迅速累积。

有钱有势的大主教这时候更想翻修或重建自己驻地的教堂。除了有宗教中心的功能，大教堂在当时更成为当地重要的政治、经济与文化活动中心。

普罗百姓在教会的熏陶下，很早就坚信生活中所有的一切都是来自上帝，就是碰上灾祸，百姓也坚信这是来自上帝的惩罚；当西欧社会人口增多、经济贸易发达时，教育程度不高的一般民众自然也会相信这是来自上帝的恩典。于是，一座座夹带着当地市民虔敬感恩及世俗虚荣心的上帝之屋——大教堂就这样在西欧大地上野火燎原般铺展开来。

与古典同义的哥特一词

今日几乎与“古典”同义的“哥特”（Gothic）一词，迟至19世纪才成为专业的建筑名词，在此之前“哥特”这字眼仍充斥着轻

19世纪的浪漫主义与新哥特风潮下，沉寂数百年的哥特式大教堂再度引起人们的重视，许多中断兴建的大教堂也在此时得以完工。下图为捷克布拉格的圣维塔斯大教堂。

蔑之意，就在17世纪时，哥特一词仍常用来指称怪异的艺术风格（今日仍有以怪兽、英雄美人神话为题的所谓哥特式风格插画）。然而，中世纪的人们建造大教堂时，并没有为自己的建筑风格下任何形式的定义，只是实际地以当时能及的建筑技术将其完成，在此之前的罗马式建筑亦是如此。

日后成为经典的“哥特”一词，首次出现在意大利文艺复兴时期某些知识分子的信件中。当文艺复兴的古典风格在意大利兴起时，自诩为知识启蒙先驱的大学者们，在彼此来往的信件中首次提到这种风格奇特、由来自北方的野蛮哥特人所建的怪异建筑物；12、13世纪风行于欧洲的大教堂建筑风格，在这些大学者笔下终于有了专属的称谓。

令人吃惊的是，这充满戏谑嘲讽的名词和建筑物本身，一直要到19世纪才终于得到肯定及推崇。今日不会再有人像文艺复兴时期的学者那样，以轻薄的观点看待这些教堂，事实上就在21世纪的今日，来自全球各地的游客，只要稍稍仰望哥特式大教堂那种拔地而起的恢弘气势及壮阔的门面，人们的反应往往是深受震撼而噤声不语。

前跨页：西欧在12世纪开始所谓大教堂兴起的年代。一座座大教堂，或者是重新觅地修建，或者是将原罗马式的大教堂改建为新兴的哥特风格。位于法国东北方兰斯城内的圣雷米大教堂，就是罗马与哥特风格相结合的完美例子。

右页：哥特大教堂的外观，在结构上仿佛是一条船身构造由内向外翻了出来。它把支撑屋顶的重量完全延伸到外边，使得内部空间显得无比空旷，但也是因为这如鱼骨般的结构，使得文艺复兴时期的学者对这样奇异的建筑不屑一顾。图为亚眠大教堂的建筑外观。

这座恭奉为法王加冕用圣油的圣雷米大教堂与法国的历史息息相关，内藏有圣雷米圣髑及修道院。从下图中可以看出该教堂建筑上方为哥特式，下方为罗马式风格。

哥特式大教堂的发源地

不似发源地分散的罗马式教堂，一般史学家都认同哥特式建筑真正的起源是在巴黎，有法国之岛（Ile de France）之称的塞纳河这段区域。沿着塞纳河及邻近支流，商业蓬勃发展，大批的财富成为艺术生长的沃土。除了意大利，法国是12世纪西欧最富裕且最进步的国家，不但操纵并以财力支持十字军，且由十字军东征的文化交流中受益；此外，法国更是同时期欧洲国家中教育、文学与哲学方面的领导者，法国工匠更被公认为是拜占庭以外技艺最杰出的代表。

絮热（Suger，1081—1151）这时是本笃会的主持及法国的摄政大臣，这位据说生活相当简朴又具有高雅嗜好的修道院长，在公元1133年聚集了各地的艺术家与工匠来修建及装饰法国的守护圣人——圣丹尼斯的新居，巴黎城外的皇家圣丹尼斯修道院教堂，并为法国国王们修建坟墓。他说服了法王路易七世及宫廷奉献所需的资金，王公贵族个个摘下了手上的戒指来支持絮热院长耗资庞大的设计。

原来当时法王能得到统治权主要是来自加洛林王朝的道统，但由于法王是旁支而非直系所出，为此新的法王王室血统常受到贵族的挑战，法国岛就是这支新王族占领的地区。12世纪初期，法王权力逐渐稳固并且向外拓展，此时絮热院长想把8世纪建立的圣丹尼斯修道院教堂，变成法国宗教及民族主义结合的精神堡垒，为了达到这个目标，古老的教堂就必须顺理成章地再扩大及重建。

根据史料记载，絮热院长对木材与石材、彩色玻璃的题材都是亲自选择，并撰写献词。坐落在今日巴黎地下铁13号线尾端的圣丹尼斯大教堂，在公元1144年献堂时有二十位主教担任祭司，国王、两位王后与数百名骑士参加观礼。絮热院长穷其一生以世俗财富来光荣上帝的圣丹尼斯大教堂，出人意外地造就了哥特式大教堂的诞生。来参加献堂仪式的主教们，亲眼见到圣丹尼斯大教堂的辉煌与壮阔后，便迫不急待地想在自己的地盘上兴建同样形式的大教堂。往后的一百多年中，哥特式建筑终于传遍西欧各地，从法国一直到英国、意大利、德国、西班牙甚至东欧波西米亚的捷克，都可以见到哥特式大教堂的踪影。

右页：多种不同建筑形式在圣丹尼斯大教堂汇集成一种新建筑风格，纤细的梁柱，墙面般的彩色玻璃，使得圣丹尼斯内观犹如一座灿烂非凡的灯屋。

圣丹尼斯大教堂是史学家公认的哥特建筑起源地。絮热院长在这完成了它的梦想，他与建筑师一同合作打造出心目中上帝之屋的形象。可惜的是经过历史上的人为破坏，该教堂在建筑艺术成就上远远落后其他几座著名的哥特式大教堂，联合国也未因其为哥特式建筑起源的地位，将圣丹尼斯大教堂列入世界遗产名录中。

圣丹尼斯大教堂

大部分的法国国王都葬于圣丹尼斯大教堂内，所有的法国皇后也都在这里加冕，特殊的地位使得这座大教堂在法国大革命时受到空前的破坏。虽然如此，圣丹尼斯大教堂内观依旧气势非凡，尤其是教堂中有幸保留下来的皇家陵寝仍有相当可观之处，像是文艺复兴时期的路易十二及王后布列塔尼的安娜（Anne de Bretagne）的棺椁雕像就是同时期的杰作之一。

絮热院长的梦想虽然在圣丹尼斯大教堂淋漓尽致地实现，但他绝对始料未及的是，日后公认的哥特式大教堂经典竟然不是这一座，而是位于巴黎南方五十公里处的沙特尔大教堂。而很可能令他气结的是，后来兴建的其他哥特式大教堂无论在规模或艺术成就上都超过了圣丹尼斯大教堂。

前跨页：神圣是一种抽象的感觉，难得的是不少哥特式建筑，竟可以将抽象的概念藉由建筑完全表现出来。渺小的人在这会噤声，油然生出一股敬畏之情。图为圣丹尼斯大教堂耳堂及唱经席一景。

圣丹尼斯大教堂是昔日法国的王家教堂及安葬的地点。今日仍有许多王家的棺椁供奉于大教堂内。左图为路易十二及王后的坟墓，这座文艺复兴式的棺椁在写实的技法上有令人赞叹的成就。

路易十四与王后的雕像

哥特式大教堂的建筑结构

哥特式的建筑风格并非无中生有地突然产生，而是许多传统融会后的结果：长方形会堂、圆拱、圆顶和高窗早就存在于罗马式的教堂建筑中；尖拱、穹庐圆顶、成束的方柱也早就流行于中亚阿拉伯人的建筑中；就连哥特式建筑中最使人目眩的彩色玻璃也早就存在；这些五花八门不成流派的建筑风格，或零星、或成群地散布在罗马式或其他形式的建筑物中，却从未像哥特式大教堂这样有如此整体性的集合，且在每一个细小环节上都赋予神学及宗教上的意义。

中世纪的建筑师如果要了解什么是美、和谐、均衡的问题，都要征求宗教权威的意见，哥特式大教堂就是建筑师与宗教人士相辅相成的伟大结晶。

真正进入一座哥特式大教堂之前，让我们先了解一下其基本建筑结构和设计原理：

右页：飞扶壁是哥特式大教堂最重要的革命性建筑技术之一，使教堂能摆脱厚重的墙面而盖得高耸直入云霄。图为德国的科隆大教堂飞扶壁一景，值得注意的是一般人看不到的飞扶壁上也布满了细致的雕刻，或许，中世纪工匠们在建造教堂时心中最在乎的是，让上帝看见他们的用心。

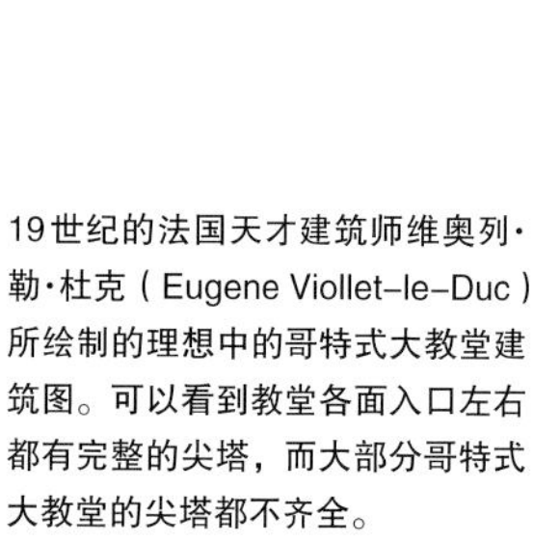

19世纪的法国天才建筑师维奥列·勒·杜克（Eugene Viollet-le-Duc）所绘制的理想中的哥特式大教堂建筑图。可以看到教堂各面入口左右都有完整的尖塔，而大部分哥特式大教堂的尖塔都不齐全。

若是有机会从空中往下俯瞰这些大教堂，哥特式大教堂与罗马式教堂一样，呈现拉丁十字的形状，就像是一座平躺于大地上的十字架。欧洲所有著名的大教堂不论是哥特式样或其他的建筑风格，绝大多数是坐东朝西，象征主教御座的半圆顶室朝向东方，也就是圣城耶路撒冷的方向；正门则面对西方。这样的座向使得黎明时的第一道光线，象征意味十足地由半圆顶室洒进大教堂，黄昏的余晖则会由大教堂的西正面缓缓消失。

一般的哥特式大教堂除了在正西方有入口外（通常有三座大门），在大教堂的南北面（耳堂的位置）也各有面积不小的入口。哥特式建筑是建筑土木工程的进步与成就，由外观看来，除了西正面，哥特式大教堂外观通身为有飞扶壁立于其间的梁柱所包围，这种结构仿佛是把一艘木造大船的结构由里往外翻出一样。由于有了这些飞扶壁及层层由里往外的梁柱，哥特式大教堂才能摆脱罗马式教堂原本厚重的构造，好似摆脱地心引力般一路向上延伸。

哥特式大教堂把所有来自穹顶的重量，借着外方的飞扶壁次第将重量由高至低平均往外延伸，使得大教堂除了在高度上有惊人的发展外，屋顶的重量不再靠墙面支持，也使得大片的墙面能嵌上绚丽的彩色玻璃。天气晴朗时，庞大的哥特式大教堂内除了感觉不到笨重的压力外，更因为经由彩色玻璃透进来的光线，使得这一座座上帝的华厦，成为不折不扣的亮丽灯屋。

前跨页：哥特式大教堂的壮阔空间感，配合彩色玻璃的光线投射，营造出无以伦比的心灵体验。图为法国沙特尔大教堂的唱经席一景，右下角的圣母升天雕像为巴洛克时期的作品。

飞扶壁的使用使得哥特式大教堂可以超越罗马式的建筑束缚，一路往上发展，图为沙特尔大教堂外观飞扶壁的一景。当年建造时都是先以木板做版模，切割好石块，再依次放在模板上，当石块整个紧紧地定位后，工匠再把版模抽掉，具有强大支撑力的飞扶壁就此形成。

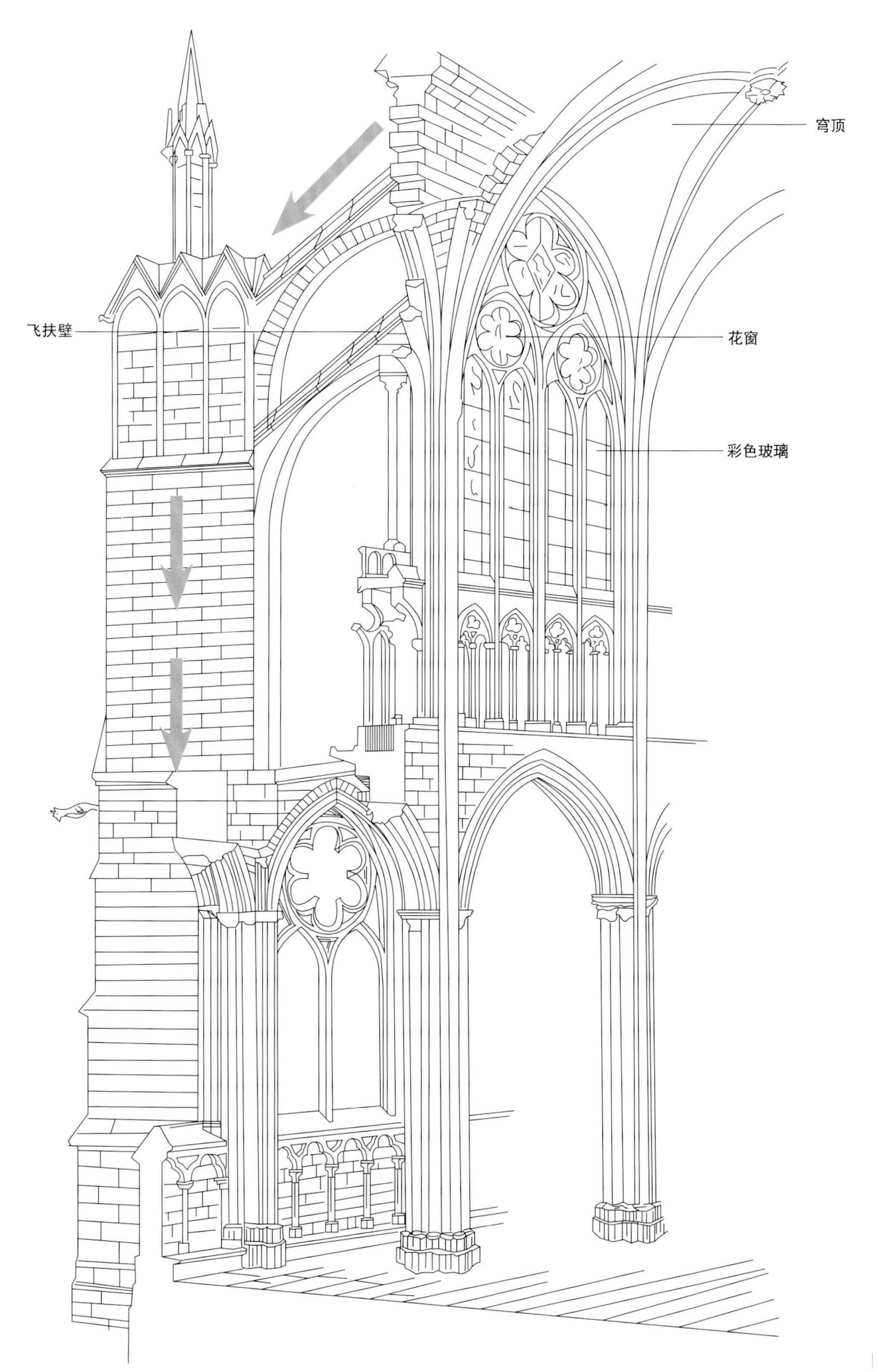
穹顶
飞扶壁
花窗
彩色玻璃

哥特式大教堂的兴建

罗马式教堂就已开始使用石块为建材，在屋顶方面因为技术的限制，有的仍采用木材为建材。但是到了哥特式建筑，几乎全面以较昂贵和更有价值的石材为建材。兴建一座庞大的哥特式大教堂，石材的需要量相当庞大，就连拿来作隔板、搭建鹰架用的木材需要量也是相当惊人。为此哥特式大教堂的兴建地除了有实际方面的人口及经济因素考虑外，在地缘方面，大教堂也最好得靠近藏量丰富的石矿区，以方便就近开采。否则光是石头建材的运输费用就已高得惊人，数据显示有不少地区的石矿，运输费用竟然比石矿本身高出许多。

瓦尔特·里维尔斯（Walther Rivius）绘制的中世纪建筑实况图。工匠们正在使用木制的起重设备吊起石块。

有的地区由于石矿缺乏，干脆从古建筑物拆下就地取材，法国阿尔勒（Arles）的古罗马建筑物大多面貌残缺，就是因为石材被日后兴起的基督教徒拆下盖教堂及修道院去了。

从1050年到1350年的三个世纪之中，光在法国一地就开采了好几百万吨的石头，好用来兴建八十余座哥特式大教堂、五百余座大型教堂，及数千座教区教堂，这三个世纪中法国所开采的石矿，数量上远远超过古埃及兴建金字塔所使用的石块。

建堂所需的木材就不像石材这样棘手，中世纪欧洲不似过度开垦的现代，城墙外四处都是茂密的森林。运输技术的改进，像是单轮推车的发明和用来拖车的动物拉轭的改良，都构成了大教堂兴建的必要条件。

虽然有这些主客观条件，但是只要想想哥特式大教堂，从矿区开采到兴建全是靠手工完成，就不得不佩服中世纪人们的技术及耐心。

资金从何而来？

虽然已有不少善男信女贡献自己的时间与体力，但兴建大教堂仍然是一桩相当专业且需要大量资金运作才能完成的大工程。建堂的经费从何而来？每一个地区不尽相同。

在意大利某些贸易大城，资金由当地的市民提供；英国的金雀

右页：斯特拉斯堡大教堂西正面，纤细繁复的雕刻透露着大教堂由古典哥特式转变成火焰哥特式的强烈风格。在夕阳的余晖中，大教堂如浴火凤凰般耀眼动人。

花王朝（Plantagenet）还有专属的部门来负责；在法国则由当地的主教来筹办。11世纪时，在格里高利七世教皇（1073—1085年在位）改革下，法国成立了自己的教区，法国人选主教时，连国王与教皇都不得干涉。宗教的独大权力，使得法国的主教在兴建大教堂的提议上更能顺利推行。

究竟需要多少钱才能盖一座大教堂？正史上均未记载，因为几乎是天文数字般难以估计。

在法国，有的主教以自己年俸的十分之一，长期贡献资金，就连国王及贵族也是赞助者。城市的商会也是重要的捐献来源，像是沙特尔大教堂的彩色玻璃几乎全为当地的商会所捐献。更有大批的金钱是来自一般百姓，而且在捐献方面不只是捐银钱还捐珠宝、建材，甚至是拖车的牛马、食物都在其中。对于一般民众，能尽自己的微薄之力来兴建永恒的大教堂，是件意义非凡的事。

为了广募资金，中世纪时还开启了朝拜圣人遗骨的风气。某一个圣堂若是拥有某一位圣者的遗骨，几乎就像是拥有金矿一样，可吸引大批的朝圣者；若是再伴随着一些活灵活现的奇迹轶事，建教堂的经费更会如雪片般到来。

虽然罗马天主教会并不鼓励这种含有迷信的非理性风气，却无法阻挡一般民众的狂热。在众多敛财手法之中，还有后来最令人诟病的赎罪券的发行。由于大教堂的建造经费高得惊人，西欧不少教堂在当时也是随着经费多寡而盖盖停停，有的教堂由于经费告罄，停工一季或几年，有的根本再也无法完工。像是著名的科隆大教堂就曾经整整停工了六百年，一直到19世纪才得以完成；斯特拉斯堡大教堂正面的钟楼只盖了一座，这座19世纪以前一直是欧洲最高的建筑物，至今仍像独角兽一般矗立在斯特拉斯堡的旧城区之上。

建造大教堂的人们

中世纪仍未有所谓建筑师的头衔，负责盖房子的大多是人称监工（master builder）或石匠（mason）的专业人才。历史记载盖教堂的专业人才除了有自己的公会传统之外，薪资也相当丰厚，尤其是负责设计及监督兴建大教堂的石匠，地位极受尊崇。

从那时期的一些绘画中我们可以看到，每回石匠在对主教大人

上：中世纪时，一般信徒有朝拜圣髑、寻求平安及奇迹的习惯，这些有着传奇轶事的圣髑，更是各大朝圣教堂的镇堂之宝。图为恭奉着相传是圣母头巾的沙特尔大教堂里的阿帕西达尔—齐佩尔小圣堂。就是在21世纪的今天仍然有不少信徒到此奉献蜡烛。

下：兰斯的圣雷米大教堂恭奉着圣雷米的圣髑，位于大教堂唱经席后的半圆顶室内。制作精美的石棺内藏有圣者的遗骨。拥有圣者圣髑的大教堂也藉此吸引了千千万万的朝圣客，及数量庞大的奉献。

德国的科隆大教堂曾经停工数个世纪，一直到19世纪才得以完工。图为洛伦兹·扬萨（Lorenz Janscha）所绘尚未完工的科隆大教堂。

做简报时，在构图比例上，几乎是与主教大人平起平坐，在兰斯大教堂内竟然还有兴建大教堂石匠的坟墓，可见他们的地位之高。

石匠除了得负责提出设计图和比较估价、签订合同、设计地基、取得材料、雇用及付薪给艺术家工匠，自始至终还得负责监工，但不参与实际的工作（就像今日的建筑师）。

由于羊皮纸过于昂贵，中世纪石匠鲜少有设计图保存下来，今日也只有在斯特拉斯堡大教堂附属的博物馆内还保留有大批当时建筑师所绘的羊皮纸手稿，这些甚为罕见的设计图稿，为研究大教堂建筑的后人留下了一份相当宝贵的资产。

石刻的圣经

Chapter 3

13 世纪后的一百年间，西欧大陆上建立了数千座大小不一的哥特式教堂，其中能在建筑艺术史上留名的起码就有数十座。这几座赫赫有名的大教堂，无论在各自的建堂历史还是艺术表达方面，都可书写成一部多达数千页的巨著。在此用一种较平易的、一般艺术欣赏的角度，借着几座著名的大教堂来了解这些大教堂的基本建筑面向，经由大教堂里里外外的丰富艺术形式，来窥探那一个神秘、神圣又有趣的宗教时代。

走近一座
哥特式大教堂

欧洲每一时期的宗教建筑几乎都是循着一个特定的方向发展，虽然在同时期风行的洪流之中，建筑师仍能在既定的形式中加入个人的天分再做发挥，但它们仍有一致的脉络可循。

虽然整个西欧，包括英国、德国、意大利，都有许多著名的哥特式大教堂，但无论在体积、艺术表现及保存方面，仍是以哥特式建筑的发源地——法国的哥特式大教堂——最丰富及最具代表性。

前跨页：沙特尔大教堂西正面的雕刻是哥特式雕刻艺术的代表之作。对中世纪大多不识字的百姓而言，大教堂外的雕刻是认识《圣经》人物最好的入门方式。沙特尔大教堂西正面中间门门楣上讲述的是最后的审判的故事，右方门讲的是有关圣母的故事，左方门讲的是基督复活的故事。

直上云霄的竞争

所有的哥特式大教堂除了高之外就是体积相当庞大。13世纪的哥特式大教堂之所以能够兴建得如此巨大，除了当地人们的虔诚奉献之外，有很大部分也是来自一种人性的虚荣心。热情的普罗百姓深以象征该地财富及权力的大教堂为傲，这一股虚荣心理，也造成大教堂之间的竞争，每个地区的百姓都希望象征自己城市精神的大教堂更大、更高、更美丽。

位于法国北方的亚眠大教堂是法国境内最大的教堂，也是全球第四大的大教堂。建造大教堂在中世纪时是一种全民运动。亚眠地区因为染料业的发达，成为法国北方重要的城市。在地球上已屹立有八百个年头的大教堂，能安然躲过天灾人祸，真是奇迹。

这种心理使得大教堂在规划兴建时的面积越来越大。亚眠大教堂总面积高达七万平方米，成为法国最大的教堂。

虚荣的竞争有时也无法超越实际建筑技术可以到达的水平。在法国博韦（Beauvias）这个地方，当地民众在得知亚眠大教堂的中堂有67米高时，就誓言要将自己的大教堂盖得更高，1227年当博韦百姓开始兴建自己的大教堂时，就立志要让教堂的圆顶高过亚眠大教堂13米。这一伟大野心随着中堂一再倒塌，最后竟未能实现，博韦大教堂至今只有一个高昂的唱经席，却没有身体（中堂），为这一段中世纪人们的虚荣竞争心理留下了最有趣的见证。

如果你是位喜爱旅行的人，不需要你走近，哥特式大教堂常成为欧洲各著名大城最醒目的地标。就算你刻意视若无睹大教堂的存在，每当中午十二时正，大教堂的钟声仍会在城中此起彼落地四处响起，吸引人好奇地探索声音的来源。

哥特式大教堂今日除了仍负有宗教的重任外，另一个更大的价

右页：德国境内最著名的哥特式大教堂当属位于莱茵河畔的科隆大教堂。这座全球第二大的教堂，初建于公元13世纪中叶。由于财源枯竭，野心庞大的科隆大教堂一直到19世纪才得以完工。大教堂外观通身全为繁复的石刻所包围，就连飞扶壁上也布满了纹饰雕刻。

值就是观光;所有的欧洲城市之旅,行程中一定包含当地的教堂之旅,这些古老的教堂保存着欧洲的历史文化,彰显着欧洲的宗教艺术成就及社会思潮的演变。

右页:中世纪的大教堂,从建筑形式到里里外外的雕刻与彩色玻璃都是为阐述《圣经》所启示的精神。虽然每一位建筑师在设计兴建大教堂时,会有些许不同的形式变化,但基本原则大致不变。法国境内的哥特式大教堂无论在数量及艺术表现上仍居欧陆之冠。图为法国最大的教堂,亚眠大教堂。

贴近欧洲文化核心

还有什么样的观光活动能像参观教堂那般贴近欧洲文化核心的最深处?一座少说有八百年历史的大教堂能为后人保存多少故事?站立在这些大教堂前,一种永恒感油然而生,相较于迟早会死亡的肉身,屹立不摇的大教堂已做出比有限人生还要久长的见证。

现代人已很难理解中世纪人们炙热的宗教情怀,除了奉献所有,他们倾注所有的热情,巨细靡遗地装饰这些巨大的上帝之屋。对他们而言,这些大教堂几乎就是上帝的临在。一年三百六十五天,人间诸事包括生、老、病、死都与宗教有关,为此大教堂内外每一寸肌肤全都展示着信仰的教诲与见证,对中世纪人们而言,大教堂是天国之城的再现。

我们也许早已没有中世纪人们的宗教热情,但出于对艺术和建筑的热爱,以及身处其中时的神圣气氛,已足以燃起我们对亲近一座哥特式大教堂的渴望,就让我们由外至内、仔细来欣赏它无以伦比的壮美与庄严!

西正面入口处,是大教堂最重要的入口门面,万千个大小人物在有限的门面上阐述着《圣经》的故事,或是道德的训示。图为斯特拉斯堡大教堂西正面入口处。

大教堂的门面

且让我们以哥特式建筑经典——沙特尔大教堂为例，从大教堂的西正面门面开始走起。典型哥特式大教堂西正面结构由下往上大略可分为：底层中间三个大门，所有有关《圣经》故事的雕刻就分布在这三扇大门上的半月楣（tympanum）、楣石（lintel）、门窗侧壁（jambs）及拱门饰（achivolts）部分。由此再往上则是彩色玻璃及玫瑰花窗，在玫瑰花窗上通常还有一组《旧约》中以色列国王的雕像群。门的左右两边则是钟楼的底层。法国的各座哥特式大教堂在形式风格上仍有些许不同的地方，但基本的结构大都不脱这样的范畴。

今日所见的哥特式大教堂很少是完整的，除了少数的教堂，大部分的哥特式教堂西正面的钟楼尖塔不是塌了就是根本没有完成。不过这千百年来未完工的模样，今天早已借着传播深入世人印象里，让人误以为哥特式大教堂就是这副模样。

右页：火焰式哥特风格的斯特拉斯堡大教堂西正面入口。从正门中央以圣母故事为主题的雕刻，可以看出这也是一座献给圣母的大教堂。

大教堂外的雕像，在当时主要的功能是教化百姓，数百年后的今日却成为无法取代的艺术精品。图为巴黎圣母院正门的圣徒像。

石刻的圣经

上左：每一座哥特大教堂门面上，都布满富有教化启示作用的雕刻故事。斯特拉斯堡大教堂西正面的世俗之子拿着苹果诱惑旁边代表愚蠢的女子，与右方对面代表智慧的表情严肃的女子，恰成强烈的对比。

上右及右页：保守估计，沙特尔大教堂外部有数千个大小人物雕刻。阐述着《圣经》的故事及当时神学的理论。哥特式雕刻已逐渐摆脱罗马式雕刻那种不成比例的笨拙。优美的服饰线条，写实的面部表情，沙特尔大教堂的西正面雕刻在数个世纪后，仍受到无可取代的推崇。

哥特式大教堂外观，除了必要的飞扶壁及梁柱，外观通体几乎布满了石刻，只要是有机会爬上沙特尔大教堂钟楼的人，沿着数百层阶梯的狭小通道窗口往外望去，会惊讶地发现，弧形的细长飞扶壁上除了纹饰之外，竟然还布满石刻雕像。这些以《圣经》及圣人故事为题的雕刻，也为哥特式大教堂赢得了“石刻圣经”的美誉。

以《圣经》故事为题的雕刻更充分展现在大教堂的各个入口处。坐东朝西的大教堂，在《圣经》故事的呈现上也考虑到方位的问题。像是受光最少的北面入口，大多以《旧约》的故事为雕刻主题；温暖明亮的南面入口，则以《新约》的题材为主；至于面向西边，日落方向的西正面，则是以中世纪最受人敬畏的“最后的审判”为最重要的雕刻主题。

中世纪的神学强调上帝的创造，在这种观照下，整个宇宙本身就是一份见证。圣方济各以一种新的眼光来看待诸如人、动物、植物的观念也具有很深的影响力。中世纪的人们深信真理已经展现在他们面前，在疯狂的追求之中，人们将精神追求转化成对美的创造，这无穷的创造力，使得大教堂每一个微不足道的细节都被赋予美学与神学的意义。

后跨页：兰斯大教堂的外部布满数以千计的大小雕刻，生动而惟妙惟肖。大都是令人惊叹的艺术杰作。

大教堂的雕刻主题

大教堂兴起的年代也是中世纪知识开始萌芽的时代，不少大教堂本身当时就是当地的知识中心。沙特尔大教堂在13世纪时的知识学术水平就远远超过西欧其他地区，欧洲最古老的大学就是从大教堂开始的。

13世纪是百科全书的年代，人们以观照自然、科学、道德、哲学及历史来了解上帝的成就。这种种思想借着建筑师和艺术家的想象力得以尽情发挥，大教堂南、北和西正面的雕刻，正是这种精神的体现。

中世纪人们对耶稣有一种又敬畏又爱慕的复杂心态。他们可以把他视为一位有大能的审判者，另一方面又把他塑造成令人想亲近、对其充满爱慕之情的美男子，亚眠大教堂正门上的耶稣就有亚眠美男子的美誉。

最后的审判与耶稣基督

除了耶稣与圣母的雕像，大教堂门面的雕刻全为先知圣人及《圣经》的故事所布满。其中最为常见的雕刻主题，是位于正门中入口处上方的“最后的审判”。就是在今日，仍有许多传道者强调“最后的审判”的精神。死后还有审判的传统是哥特式大教堂正门最常见的雕刻主题之一，几乎每一座大教堂的入口正门上方都会有这个颇具警世意味的雕刻主题。

中世纪的西欧并不平静，有蛮族入侵、疾病肆虐，一般人平均寿命不长。在诸多不确定之中，唯一确定的是，有限的生命最后都会坠入死亡的阴影中，“最后的审判”为不安的人们提供一条积极的出路：作恶多端的恶人必堕地狱；虔诚行善的善人必蒙拯救，荣登天国。

中世纪信仰最重要的精神是给人信心，相信正义必得伸张，恶也将为善所净化。“最后的审判”雕刻主题正是此一精神的具体呈现。虽然基督几乎都是以最后审判者的君王姿态出现，但中世纪的雕刻师们还是企图以优美的面貌来拉近他与寻常百姓间的距离，有些大教堂主门柱上巨大的耶稣雕像就以美男子的姿态出现，像是亚眠大教堂正门的耶稣雕像更有亚眠美男子之称。

右页：“最后的审判”是中世纪哥特式大教堂西正面门楣最喜欢引用的雕刻主题。高坐在宝座上的基督，一旁有圣母及圣人在向基督求情，基督宝座下，手提着秤的大天使圣米歇尔（St. Michael，或译作圣米迦勒）正在衡量人们的罪状。大天使右边的恶人们正被魔王锁在一起带往地狱，最底层则为正从棺材爬出来、被召唤复活的人们。图为巴黎圣母院的“最后的审判”雕刻特写。

敬礼圣母

以圣母为题的故事也是大教堂正面常阐述的雕刻主题，西欧所有建于哥特时期的大教堂几乎全是以敬礼圣母为名。沙特尔大教堂西正面圣母像高高站在国王群像及玫瑰花窗之上；斯特拉斯堡大教堂的圣母雕像就在正门门柱上；亚眠大教堂的南面入口处门柱，金色的圣母抱着小耶稣对着人们微笑；兰斯大教堂西正面，耶稣为圣母加冕的主题，更是最吸引人的雕刻之一。

天主教会对圣母的尊崇，常遭致后来分裂的新教徒批评。在新教徒的眼中，圣母只是藉由圣灵感孕、怀主基督的平凡女子。天主教的圣母崇拜在13世纪时达到高峰，许多这时期的哥特式大教堂大多是以圣母为教堂的主保圣人。巴黎的圣母院、沙特尔大教堂、亚眠大教堂、兰斯大教堂、斯特拉斯堡大教堂，甚至德国的科隆大教堂都是献给圣母；法国人以“我们的女士”（Notre-Dame）昵称来拉近与圣母的距离。罗马天主教最古老的经文是“天主经”（Pater noster）及“信经”（Credo），到了12世纪末才产生了柔和、人们喜爱诵念的圣母经（Ave Marie）。

有关圣母的神学，在圣伯纳（St. Bernard，1090—1153）的大力鼓吹下达到前所未有的高峰，在圣伯纳的主张下，圣母为人类与上帝之间的调停者。“被召的人多，被拣选的少。”总是以最后审判者姿态出现的耶稣基督，确实常令人畏惧。中世纪

若是没有柔和不定人罪的圣母，西方的基督信仰将成为恐怖的宗教。一座座通天的哥特式大教堂都是献给圣母，应当一点也不为奇。美丽富有人性的圣母像，更成为哥特式雕刻最美丽的创作主题。上图为巴黎圣母院的圣母。下图为亚眠大教堂南面入口的圣母像。右页图为兰斯大教堂西正面入口处的圣母像。

对圣母的热爱，使中世纪的基督徒更创造出如耶稣为圣母加冕的有趣主题，这一庞大的雕刻群，就在兰斯大教堂的西边门上端。这样的安排将圣母的地位提升到与救主耶稣一样崇高。

流传久远的《圣人传》(*Golden Legend*)一书也对圣母崇拜及圣人代祷的风气，产生了推波助澜的作用。

相较于高高在上、充满威严的上帝，众圣人及温柔的圣母从不定人的罪，的确能拉近中世纪人们与上帝的距离，尤其是手抱小耶稣的圣母像，通身充满着一种温暖的母性光辉。对圣母的崇拜，使天主教由一种恐怖的宗教，转变成慈悲怜悯的宗教。

有些史学家甚至认为，如果不是因为对玛利亚的崇拜，古老严峻的天主教会恐怕很难继续下去，遑论蓬勃发展。西欧众多大教堂争相以这位脚踏毒蛇（象征魔鬼）头部的女子为名，应当是一点也不足为奇的。

世间百态

大教堂不只是专属于某个特定的封建阶层，而是为普罗百姓所共有，为此在大教堂外观的人物雕刻上，除了基督、圣母、高贵的先知及圣人、国王，我们还可以看见木匠、商人、牧人、艺术家、学者甚至哲学家等主题。亚眠大教堂正门上还有类似黄道十二宫及象征十二个月份的农人在工作或休息的雕刻主题。这些平易近人的主题当时确实能引起一般人的共鸣。

除了人物故事，大教堂的外观雕刻更可以看见大批以动植物为题的装饰，有小羊、牛甚至还有螃蟹。至于树木、叶子、羊齿植物、玫瑰花等更分布在雕刻的背景细节中。藉由门面上的雕刻，不识字的一般大众认识了《圣经》所要阐述的故事与精神，以及上帝所创造的丰富世界。

别以为教堂门面上只能看到正经八百的《圣经》故事，有的雕刻师更在门面上刻了许多富有想象力及幽默感的小主题，像是把人变成了怪物、拟人化的动物有模有样地对人讲道。有的教堂为了突显犹太人不信基督的迷途形象，创造了像“教会胜利”这样的主题，只见代表犹太人的优美女子双眼总被纱布蒙住，一副落寞寡欢的模样。

大教堂西正面的雕刻除了《圣经》中的人物，更有动植物和一般农民百姓所熟悉的主题。亚眠大教堂这些微不足道的小主题，深获当时人们的认同，烤火、耕地、喂鸟的人，普罗百姓在这些熟悉的人物上，看到了自己，找到了认同。

微笑的天使

除了面积不算太大的“最后的审判”雕刻主题，哥特式大教堂的门面雕刻事实上充满着一种温馨喜悦的救赎精神，这种精神更充分彰显在兰斯大教堂正门两边的天使雕像上，面露微笑的天使表情满是喜悦，好似天国的喜讯已完全启发给世人了，若对中世纪宗教艺术仍怀有“黑暗时期”偏见的人士，在看到兰斯大教堂的微笑天使后，可能会因此而产生新的观感。再者，西欧哥特式艺术时期许多在艺术史上留名的作品就是大教堂门面上的雕刻，其风格古朴，在艺术成就上也不容等闲视之。

由西正面走入教堂后，往前平视望去，依序是中堂和位于耳堂中间的祭台，及其后的唱经席及半圆顶室。环顾左右则是中堂两边，由成排石柱所隔成的侧廊（aisle）和最外侧的小礼拜堂。整座大教堂由中堂一直到半圆顶室这一庞大的区域，由于是礼仪举行的地点，很少开放通行，人们大多是由中堂两边的侧廊穿过耳堂（transept）、唱经席，再经由环绕半圆顶室外的回廊（ambulatory）绕教堂一圈。

抬头仰望，哥特式大教堂高阔的穹顶犹如浪潮般一波波往不见底的前方扩散开去，在这儿我们终能了解哥特式大教堂外观所使用的飞扶壁及支撑它的扶壁（buttress）、垛台（abutment）等建筑构件的功能。哥特式建筑的特色在于它相当富有功能性的肋材技术，中堂的每一个凹面架起的横向和斜向拱肋结合在一起，形成一座座纤细精巧的骨架，上面再放上石制的穹顶。拱顶向外的作用力由较为厚重的扶壁所支撑。整座大教堂的重心结构力量全都借着扶壁向外延伸，也因此大教堂内观可以变得如此空旷，建筑虽然如此庞大却不会让人有压迫感。

前跨页：透过飞扶壁及扶壁的使用，大教堂的穹顶才可以仿佛脱离地心引力，如蛋壳一般地安置在大教堂顶部，图为亚眠大教堂的穹顶。

右页：沙特尔大教堂的穹顶与肋柱一景。就是从大教堂内的穹顶肋柱，我们才有机会真正了解哥特式大教堂的结构。在一切仅以手工与简单器具打造出的巨大建筑中，让人不得不佩服中世纪艺匠的伟大成就。

科隆大教堂的耳堂上方穹顶

上：沙特尔大教堂迷宫

左：亚眠大教堂迷宫中心。在每年冬至这一天，阳光会正好照到以四位主教为图案的迷宫正中心。

迷宫

大教堂的主堂部分，常常会有一种类似圆形迷宫般的图案在地板上，这巨大的图案从前是让朝圣客或做忏悔的信徒祈祷的地方。他们在此循着地上的图案由外而内一路往中心点跪着前进，边默想着当年基督上十字架的道路。由于迷宫的面积广大，走完一圈甚至可能需要数小时，是一种相当特殊的身心合一祈祷方式。除了默想基督的道路，也有不少信徒在这诵念天主教会传统的玫瑰经。

右页：清晨七点正，黎明的阳光自科隆大教堂的东边洒进来，整个唱经席犹如发光的太阳，将大教堂沁染成一片言语难以形容的圣境。

奇迹般的光线：彩色玻璃

直到进入教堂内，我们才有机会亲眼目睹中世纪艺匠另一个不朽的成就，那就是嵌满整个大教堂壁面的彩色玻璃。由于哥特式大教堂的结构不再像以往罗马式建筑那样需要靠厚重的墙面支持屋顶重量，空出的墙面正好可嵌上大面积的彩色玻璃。

哥特式大教堂是为了这些光彩夺目的玻璃而改变建筑设计，抑或是彩色玻璃正好可以作为墙壁的一部分而存在？我们无从得知，唯一可确定的是，玫瑰花窗式样的彩色玻璃，是由絮热院长首先在圣丹尼斯大教堂采用，他更为彩色玻璃赋予了宗教功能，使得大教堂不仅在外观有如石刻的《圣经》，更藉由室内的彩色玻璃主题达到里外呼应的效果。

在絮热的建堂概念里，非常强调协调感（大堂内观的建筑结构已具体实现这样的概念），他曾说“协调”是美的根源，更是上帝创造宇宙最崇高的表现。

另一点被絮热所强调的是，透过神圣的窗户所透射进来的“奇迹”般的光线，在大教堂内将成为一种上帝的照明。这种光明是上帝圣灵神秘的显现，人们将在这美丽光线萦绕的空间里，体验到灵魂的存在，更激起心中对上帝的热情。

絮热的企图就是在八百年后的今天，依然持续发挥效果。每当进入一座经典哥特式大教堂时，在一个有形却似无限的空间里，我们几乎忘却了自身的存在；肉眼直接将这神圣的气息传达至心灵深处，并在那儿激荡成一片波涛汹涌的海洋或是一片宁谧平静的心湖，甚或成为一座无法攀爬的山峰……

在这里，我们体会到一种言语无法形容的永恒感，一种人性中特有的灵性感应及追求。如此令人感动，却又是那么具体。

沙特尔大教堂西正面玫瑰花窗外观

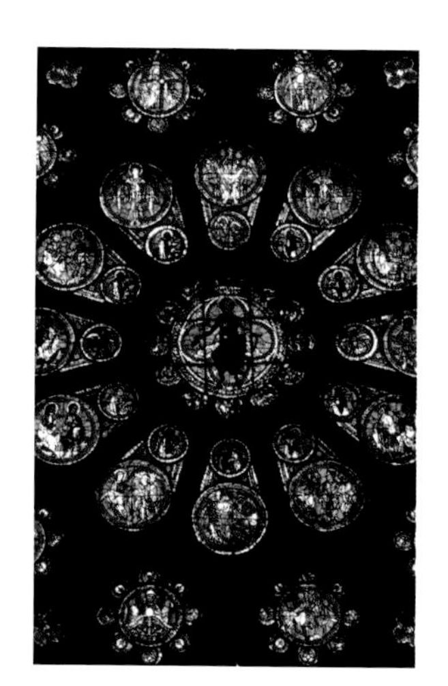

上图、右页：沙特尔大教堂里大部分的彩色玻璃都是哥特高峰期的原作。大教堂西正面的玫瑰花窗讲述的是基督与最后审判的故事，这扇制作于公元1215年的大玫瑰花窗，在光线的辉映下，有如灿烂的宝石。

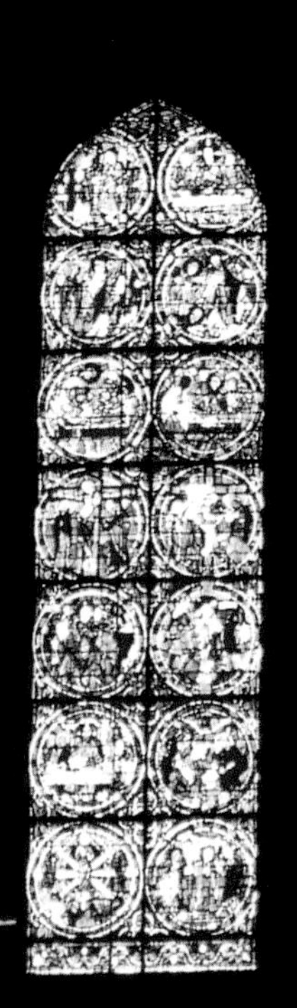

彩色玻璃的制作

彩色玻璃的技术在罗马式建筑时期就已成熟，但一直到哥特时期才开始大规模的使用，它的制作工程也比以前来得更庞大及复杂。为了方便工作，玻璃艺匠往往就将工作室设在大教堂不远处。

制作彩色玻璃是件费事又大意不得的工作，艺匠并不生产玻璃，而是从别的地方购买玻璃的原料（与今天的彩色玻璃工匠做法差不多）。由于需要大量的木材生火，生产玻璃的工厂大多位于森林的交会处。原始玻璃以一份砂、两份的羊齿类植物及山毛榉木材的灰屑混合，再以一千五百度的高温烧制而成。加入不同的矿物原料可呈现出不同的颜色，黄金可配出如小红莓般的艳红色，钴则可调出蓝色，至于银可配出黄和黄金般的色彩，而铜则可制出绿色与砖红色。

玻璃艺匠将原始玻璃材料取回后，就在自己的工作室开始绘图及切割玻璃。一直到16世纪时玻璃工匠才开始使用钻石切割玻璃，在此之前，玻璃艺匠仍是以大火烧红的刀子进行切割。

按设计草图切割下来的玻璃，这时平放在绘于羊皮纸的草图上，再以设计的内容开始进行上色的工作。上色的方式一般分为两种：一种是以另一较小的彩色玻璃融化后与底层的彩色玻璃以高温相融

前跨页：沙特尔大教堂南面玫瑰花窗。讲述的是《启示录》的故事，这扇制作于公元1225年间的大玫瑰花窗，是沙特尔大教堂最美丽的窗户之一。玫瑰花窗正中间是坐在宝座上的基督，周围环绕着天使和代表四部福音的神兽，更外围还有二十四位长老。玫瑰花窗下有五扇尖顶窗，中间是圣母与圣婴图，左右分别是四大先知，他们的肩膀上扛着四部福音的作者。这五扇窗户最底层全是捐献者的肖像。

右页：每一扇彩色玻璃阐述着一个故事，这扇窗户由当年的服装用品商及药剂师所捐献，他们的代表肖像位于玻璃窗左右下角。而从上方数来第一、第二个“X”字形间的左右半圆形部分，讲述的是欧洲人最喜欢的“圣尼古拉斯拯救三小童”的故事。

左页：这扇窗户当年是由酒商贡献制作，我们可以看见彩色玻璃上代表酒商人物工作的情景。美丽的窗户讲述的是沙特尔圣人圣鲁宾（St. Lubin）的故事。

合，产生一种透明般的色彩；另一种做法则是在彩色玻璃上撒一种如珐琅般的玻璃颜料，最后经过低温处理，使其完全溶解在底层玻璃之上。

这些粉末状的染料大多是来自植物及矿物，颜料的配方在当时是重要的商业秘密，工匠大多只以口授相传，因此有许多彩色玻璃的色彩，后代人苦心研究仍无法重现。虽然如此，往后的九百多年，西欧艺术家制作彩色玻璃大多仍是按此流程。

当小块小块的玻璃，按照制作草稿的样式拼制完成后，最后再以熔化的铅相连接，镶上大铁架后再嵌进预留的墙面上。

制作彩色玻璃是件所费不赀的工作。除了人工，彩色玻璃的材料也是贵得惊人，絮热院长在制作圣丹尼斯大教堂时，为了呈现出如大海般的蓝色，竟然还在玻璃的原料中加入大量压碎的蓝宝石！

大教堂美丽的彩色玻璃深受当时人们的喜爱，因此它的资金来源有不少是由王公贵族或富商巨绅捐献，他们的肖像或是大名往往也被制成图案留在彩色玻璃窗上！有的玻璃是由当地的商会所捐赠，我们往往可以从彩色玻璃上某个部分的图案，看出究竟是哪个工商团体捐献这块玻璃。

不过显示这些捐献者的图案仍只占大片彩色玻璃的一小部分，彩色玻璃的主题大多阐述着《圣经》或圣人的故事，甚至是某种神学思想。当时的神学家就相当喜欢这些经由光线营造出来的《圣经》图案，更觉得这是人间天国的具体化身。

圣雷米大教堂里古老的彩色玻璃

沙特尔大教堂唱经席东面的花窗

沙特尔大教堂的彩色玻璃

在西欧同时期诸多大教堂的彩色玻璃中，又以沙特尔大教堂的彩色玻璃最为著名，在沙特尔大教堂167扇彩色玻璃和3扇大型玫瑰花窗中，最早的一扇完成于1200年，其他玻璃大多完成于1235及1240年之间。这些美丽的窗户躲过了天灾，避过了人祸，今日仍在沙特尔大教堂里散发着耀眼的光彩，除了奇迹，实在很难找到合适的字眼形容。其他同时期的教堂就没有这么幸运，18世纪当巴洛克建筑风格盛行时，有许多大教堂以落伍为由将大批彩色玻璃拆下丢弃，换上透明的玻璃好让更多光线进来。至于彩色玻璃的发源地圣丹尼斯大教堂的彩色玻璃，更全毁于法国大革命。对于这些自哥特式高峰期保存至今的彩色玻璃，我们实在是有必要怀着崇敬的心情来看待！

上图、右页：沙特尔大教堂最著名的彩色玻璃之一——“蓝色圣母”。

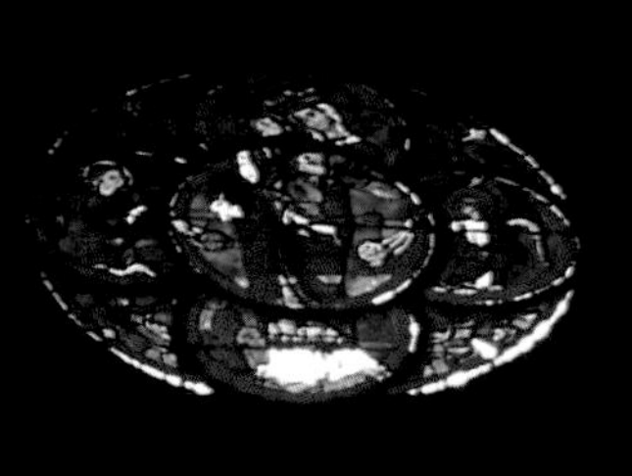

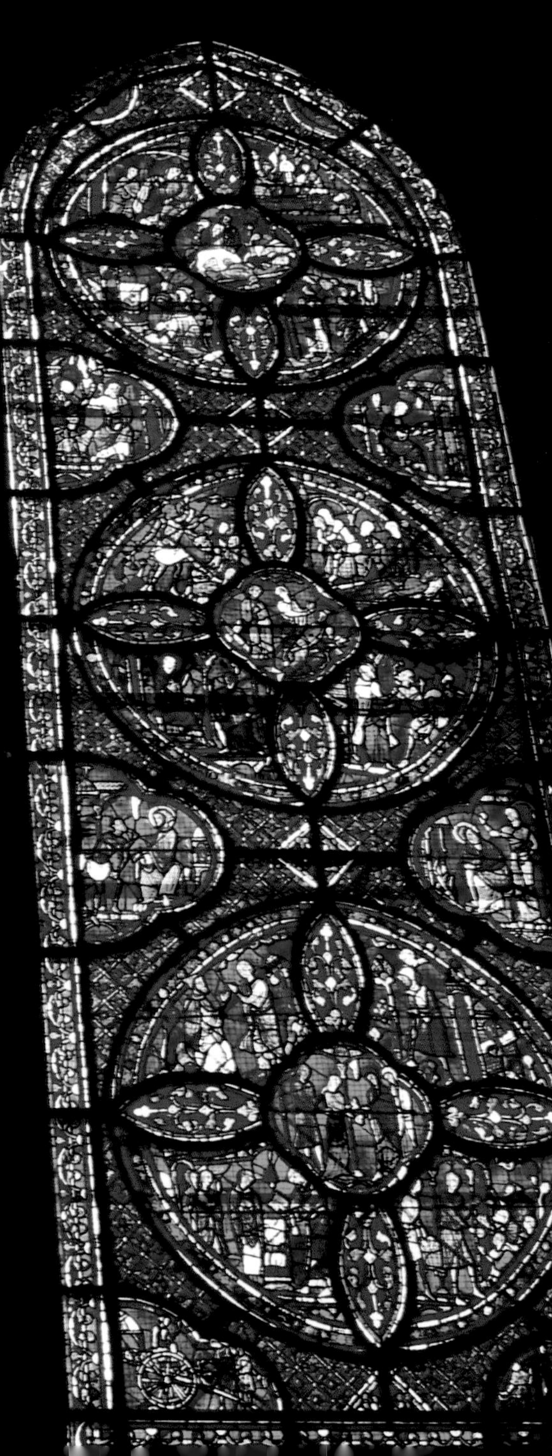

耳堂

在经过主堂和两旁的回廊后，我们逐渐朝哥特式大教堂的心脏地带前进。

经过主堂边的回廊时，我们有时还可以看见一些分布在回廊侧边的小圣堂，这些小圣堂有的是中世纪主教的长眠之处，也是信徒进行个人祈祷冥想的地方。回廊在中世纪时，也具有供远方来的朝圣客住宿的用途，不过以现代的眼光来看，在这儿过夜肯定相当不舒服。

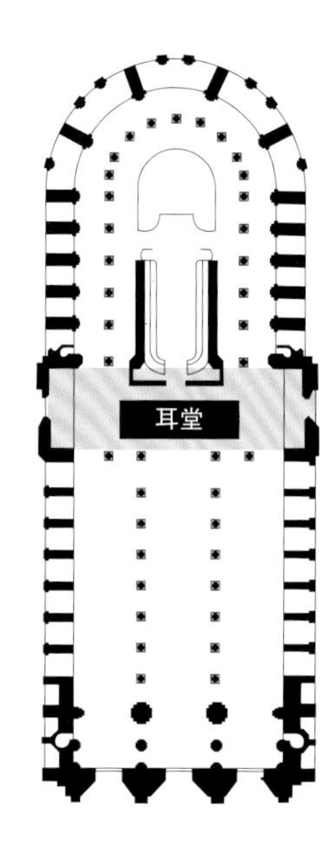

耳堂只是个建筑名词，但若是我们由空中俯瞰，这儿是与主堂交会的地段，也是拉丁十字横向的那一段区域。这儿也是大教堂南、北大门入口处，因此这段区域有不少非常精致的艺术品，由于面积不似西正面主堂广大，集中在此的艺术品就显得相当醒目。

例如斯特拉斯堡南向的耳堂里，除了有一座制作于文艺复兴时期非常精美的天文钟外，还有完成于13世纪哥特式高峰期的“最后的审判之柱”，柱子上面有天使、圣人及基督的雕刻群，是斯特拉斯堡大教堂最重要的艺术瑰宝，任何来到斯特拉斯堡大教堂的人，都会在此驻足观看中世纪艺匠的伟大成就。然而对于中世纪的信徒而言，这根柱子只是再次提醒死后会有审判！

仔细端详“最后的审判之柱”上各个雕刻的表情，就像是欣赏

沙特尔大教堂耳堂由西往东的方向一景

右页：沙特尔大教堂耳堂由北往南方向一景

后跨页：斯特拉斯堡大教堂南向的耳堂里，制作于文艺复兴时期的天文钟和完成于13世纪哥特式高峰期的“最后的审判之柱”，是该教堂最重要的镇堂之宝。

NICOLAI CO
PERNICI VE
RA EFFIGIES
EX IPSIVS
AVTOGRA
PHO DEPI
CTA

MDCCCXLII
QVEMTIMEBO

中国宋代的观音木刻一样，我们会为中世纪艺匠的成就感到赞叹。“最后的审判之柱”上的人物雕刻，就好比兰斯大教堂大门边上的微笑天使雕像，能让我们对那个被许多意识形态解读而浑沌不清的历史漩涡，产生一股清明的敬意与好奇。

与西正面的大门一样，耳堂外的入口处门面上也布满了雕刻，在门的上方同样有绚烂的玫瑰花窗。沙特尔大教堂里位于耳堂南、北面的玫瑰花窗就是此中经典，是大教堂里最绚丽的宝石。

今天被我们视之为艺术品的堂内摆设，当年大多只是作为教化之用，中世纪虔诚的信徒们，对艺术欣赏并不是那么热衷。当旧时宗教观点变得过气，信仰也不再热烈之时，我们也真的只能以“艺术”的观点来肯定这些宗教装饰的价值。

说来有点讽刺，中世纪这些借着雕刻与彩色玻璃一再被强调的教义装饰，曾被人们深深喜爱，但在后来的几个世纪中，竟又被视为封建的象征而遭唾弃。经过无数的战乱与动荡，数百年后的今天，大教堂里里外外的一切，竟成为美不胜收的“艺术”瑰宝。

亚眠大教堂耳堂

祭台

位于耳堂中央，与主堂垂直的祭台就是神职人员主持礼仪的地方，除了语言，罗马天主教会所采用的礼仪全世界统一，在1962年梵二大公会议举行之前，连礼仪所使用的语言也是全世界统一的拉丁文。祭台的左右就是耳堂，祭台后则是昔日教士团体每日的祈祷所在地——唱经席。

沙特尔大教堂祭台

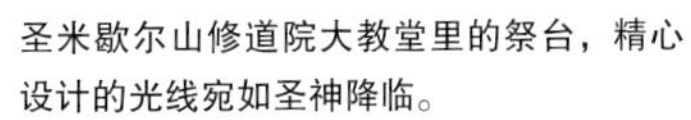

圣米歇尔山修道院大教堂里的祭台，精心设计的光线宛如圣神降临。

唱经席

唱经席，其实并不是建来供唱经使用，而是因为教士们在此进行每日的例行吟唱祈祷而得名。自黎明到黄昏前的七次集体祈祷，是中世纪教士的日课，却也是件相当吃力的事。因此，唱经席内部都设有面对面的座椅。有的座椅还只是供教士在长时间的礼仪中，稍做倾靠之用，根本不能真正入座。这样的实际需要，日后竟又成就了许多珍贵的艺术瑰宝。

由于教士的严重缺乏，除非是某些修道院团体，今日大教堂位于祭台后方的唱经席再也没有教士在此进行团体祈祷；若不是特殊的场合，唱经席一如中世纪般不对一般大众开放（包括信徒）。昔日教士在唱经席外围建立屏风，与一般大众区隔，主要原因就是为了祈祷时能不受世俗大众的打扰；今日唱经席仍对外封闭的理由，则是为了古迹的保护。

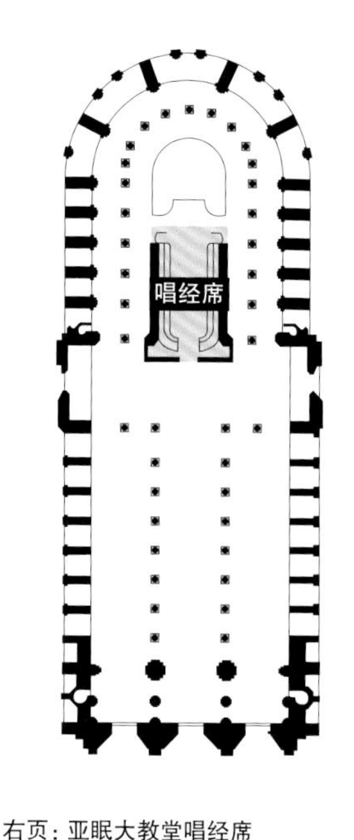

右页：亚眠大教堂唱经席

普罗旺斯圣玛德琳大教堂唱经席

唱经席的屏风

14世纪，当沙特尔大教堂西正面北塔完工后，教堂参议们就希望能在祭台背面筑道屏风，将这块神圣的区域与一般人区隔。

这片椭圆形石制的屏风，最初是以火焰哥特式风格兴建，但因当年经费不足，花了近三个世纪才完成，因此屏风上的雕刻形式，包括了晚期哥特一直到文艺复兴时期之间的过渡，十足丰富而精彩。

沙特尔大教堂唱经席屏风上有四十一个壁龛分别放置陈述基督与圣母行谊的雕像。这四十一组雕像的主题是从圣母诞生到圣母升天结束，这也标示出沙特尔大教堂的精神：一座法国人献给他们最喜爱的圣母玛利亚的大教堂。

前跨页：亚眠大教堂唱经席里的木雕繁复富丽、美不胜收，是同类型雕刻的极致之作。

右页：沙特尔大教堂的唱经席屏风，建于16世纪，展现出火焰哥特式与文艺复兴时期的雕刻风格。

沙特尔大教堂唱经席屏风上的雕刻处处精彩，左图为圣母怀抱圣婴，圣母慈祥的笑容与小耶稣的可爱表情令人叹服不已。

后跨页：石雕的唱经席屏风是沙特尔大教堂中的艺术瑰宝之一，总是吸引许多游客驻足欣赏。

上图、右页：亚眠大教堂的木雕屏风是该教堂最重要的艺术品，精致的雕刻上有施洗者约翰的故事、圣福民主教的故事等主题，生动的风格有如看连环图画般有趣。

亚眠大教堂唱经席屏风制作于16世纪初期，木制屏风上众多的浮雕都是艺术瑰宝，面向南面的浮雕是以亚眠第一位主教圣福民为题，有如连环图画般的浮雕，还具有考古价值，因为浮雕上有数栋当年的著名建筑。可惜这批精彩无比的雕刻，在法国大革命时，雕像头部全被愤怒的革命分子砍去，19世纪后才加以修复。

唱经席北面的浮雕是以施洗者约翰为主题。生动的雕刻为中世纪不识字的人们阐述约翰的故事，不知名的艺术家在这八组雕刻中有相当杰出的表现。

唱经席座椅

除了唱经席屏风，唱经席北、西、南三个方向有三排四个座椅的隔间，是当年教会人士祈祷的地方。这批制作于16世纪的木隔间座椅，是同时期木雕的精品，共有一百一十个座位，其中有两座大隔间，是当年国王和教会上层人士才能坐的位置。庞大的木隔间刻满了《圣经》故事，座椅上的雕刻还有亚眠各行各业的代表人物，座椅背板上还刻满了象征法国王室的鸢尾花图案，其精巧之设计，全法国无出其右。

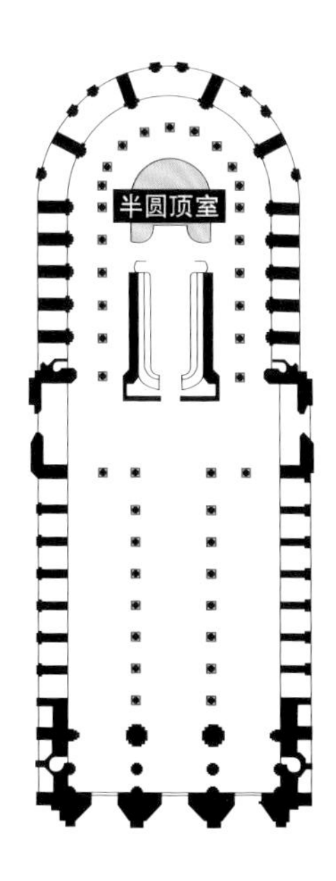

半圆顶室

半圆顶室紧接在唱经席之后，今日一般大教堂的简介已不再强调这个昔日恭奉圣髑的区域，很多时候我们根本无从得知，当年曾吸引大批朝圣客的圣人遗骨与圣物究竟放置在何处。

隔着唱经席回廊的半圆顶室对面，通常还会有几座半圆形的礼拜堂呈放射线状与半圆顶室相对。中世纪的朝圣客经过了这个区域，就要绕堂一周往大教堂的西正面前行，穿堂而出。

兰斯大教堂东面半圆顶室的彩色玻璃由犹太裔的法籍现代画家夏加尔所设计，古典的半圆顶室在彩色玻璃的辉映下显得光彩夺目。

地下室

在参观唱经席时，别忘了顺便瞧瞧我们所处位置的地下层，中世纪人们称之为“Crypt”的地下室。大教堂的地下室通常是由唱经席所在地的底层开始，一直往东延伸到唱经席、半圆顶室，有的大教堂地下室还会超过祭台往西面的主堂延伸。“Crypt”原意有幽暗隐蔽之意，早期基督徒无法公开朝拜殉教者，位于地下可埋葬殉教者遗骸的地窖应运而生。

地下室的面积随着大教堂地上面积而有增减，沙特尔大教堂的地下室是所有法国哥特式大教堂中面积最大的。如果有机会进入，我们会发现这儿具有异教风格的神秘色彩，地窖小窗难以透进太多的光线，若没有人工照明，这儿将是一片漆黑。

由于是教堂的最底层，史学家若想探索大教堂最原始的兴建年代，地下室是很好的考古据点，尤其是许多古老的罗马式教堂以哥特式风格重建时，大多会保有原来罗马式的地下室。有的地下室昔日还有陵墓的用途，中世纪某些有头有脸的人物就指定葬在这里好得到圣者的祝佑。

位于法国马赛的一座修道院教堂的地下室一景

追寻中世纪
朝圣者的足迹

右页：沙特尔大教堂唱经席外的回廊一景

在大教堂来来往往有如过江之鲫的游客中，除了虔诚的信徒或是狂热的艺术爱好者之外，我们鲜少看到有人会在主堂的座椅上多作停留；大多在导游的带领下，快速绕教堂一圈后，又匆匆往下一个目的地奔去。如此短暂的匆匆一瞥，或许已能满足多数人对大教堂的好奇，却不免辜负了那些美丽的中世纪艺术杰作，十分可惜。何不让我们效法中世纪的朝圣者，细细浏览大教堂的每一个部分。

难以抗拒的时代潮流

欧洲的大教堂，在内观方面，往往会随着时代建筑风格的演变做一些调整。庞大的建筑结构本身无法做任何的修饰，但空间里的其他部分，包括柱子上都可以再做装饰；像是与祭台紧紧相连的唱经席，在15、16世纪时，大多修建了与大众隔开来、有着新风格的屏风。

以现代的古迹修复标准看来，这些随着建筑风格做调整的装饰，往往是个大灾难。像是大批毁于18世纪的彩色玻璃，在当时有的竟被视为过时陈腐的象征而弃之如敝屣。今天的大教堂早已成为艺术

大部分的哥特式大教堂被垂直的石柱分隔成中间主堂及左右侧廊三个部分。壮观的教堂内部，令人自然从心中升起一股肃敬之情。图为斯特拉斯堡大教堂的侧廊一景。

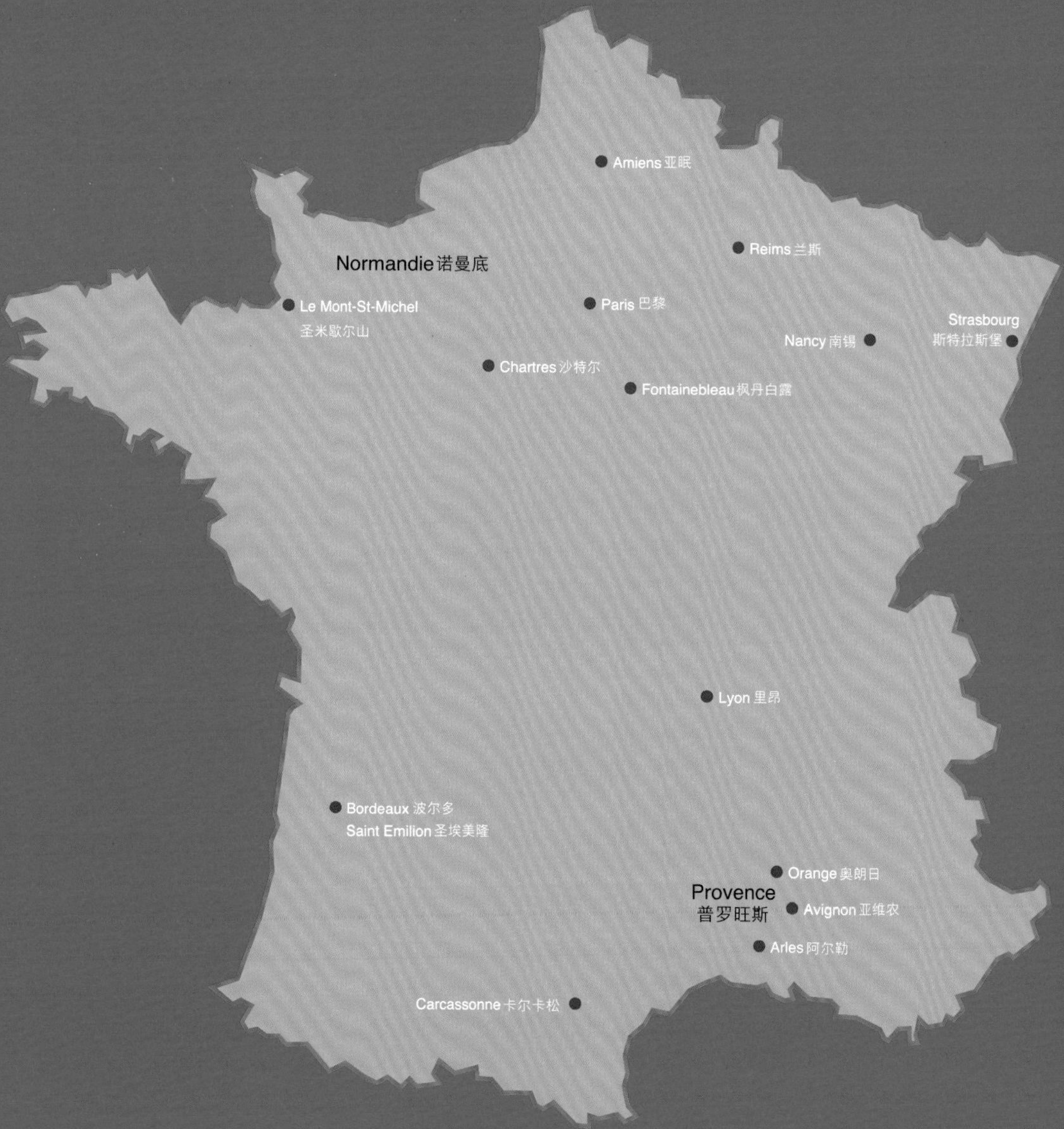

Amiens 亚眠

Normandie 诺曼底

Reims 兰斯

Le Mont-St-Michel
圣米歇尔山

Paris 巴黎

Strasbourg
斯特拉斯堡

Nancy 南锡

Chartres 沙特尔

Fontainebleau 枫丹白露

Lyon 里昂

Bordeaux 波尔多
Saint Emilion 圣埃美隆

Orange 奥朗日

Provence
普罗旺斯

Avignon 亚维农

Arles 阿尔勒

Carcassonne 卡尔卡松

Part

2

法国文化遗产行旅

圣米歇尔山修道院

Chapter 1

茫茫天地之间，湍急的流水与呼啸的厉风，像是对生命的试炼，让前往朝圣的人们，更多一份面对大自然的卑渺与自省。

诺曼底的海上城堡

前往历史悠久的法国，如果只能拜访一处世界遗产，绝对不能错过位于诺曼底（Normandy）海湾的圣米歇尔山修道院（Mont Saint Michel Abbey）。

初次与修道院邂逅的情景永志难忘。某个雷雨交加的午后，我从巴黎搭子弹列车前往雷恩城（Rennes），随即转搭慢车抵达最靠近圣米歇尔山修道院的蓬托尔松（Pontorson）车站。当时应该在车站前等候接驳的公交车，却在大雨滂沱中不见踪影，来自世界各地的游人在狭小的候车室中怨声载道，不知如何是好。

几个钟头后，公交车终于像幽灵般出现，气坏的游客在车上沸沸扬扬地抱怨法国公共运输的服务质量。气头中，圣米歇尔山修道院的身影突然像梦境般，浮现在烟雨蒙蒙的海湾尽头，所有的乘客顿时噤声，原有的怒气瞬间消失殆尽，深怕稍有声响就会催醒眼前如梦似幻的天地奇景。抵达城堡般的修道院门口时，每个人都被其所散发出的灵气度化成中世纪不远千里而来的朝圣客，而沿途所经历的种种，在这洋溢着中世纪诗情的伟大建筑前，都变得不重要了。

前跨页：法国第一座列入世界遗产名录的圣米歇尔山修道院，是人工建筑与大自然结合最伟大的案例之一。悠悠天地间，凛凛的建筑，屹立于人间的风霜雪雨八百年，自成不朽传奇。

右页：是修道院也是海上要塞，英法百年战争时，位于前哨诺曼底境内的海湾修道院，在英军包围下仍未沦陷，修道院庞大的身影在勃勒斯塔（Tour Boucle）后缓缓游移，像一处仙境般，美得令人屏息。

像是一则历久弥新的海角传奇。千百年来，万千的朝圣客趁着大退潮之际，在向导的带领下，沿着松软的沙滩，向着有“喜悦之山”之称的圣米歇尔山修道院前行。

喜悦之山

庞大的古老建筑，风姿绰约，犹如城堡般地挺立于海天交会之际——在有薄雾的清晨或夕阳如火的黄昏里，犹如沧海一粟的海湾修道院，简直就是传奇化身！就是科学至上的无神论者，来到岛上，若愿把理性思维暂放一旁，站在修道院固若金汤的城墙上，细看修道院的身影随着阳光在金色沙滩上千变万化，呼吸着浓郁、带有咸味的滨海空气，伴随着偶尔从头顶上呼啸而去的沙鸥，一种在俗世蒙尘已久的灵性情怀将油然而生。

法国四十三处世界遗产（至2017年止）中，再没有一处像圣米歇尔山修道院这样，人工建筑与大自然如此完美地结合。难怪法国第一座列入世界遗产名录的遗迹，正是这座已有约一千两百年历史的海湾修道院。难以想象就在一个多世纪前，圣米歇尔山修道院与外界联系的唯一方式只有水路，或在大退潮时靠着有经验的向导从小岛的对岸涉水而来；中世纪时，有许多来自四面八方的朝圣客就在这险恶的地理环境中丧生。

据说，胸前佩戴象征朝圣客的扇贝的信徒们，在湍急水流声与风声环绕的雾茫茫天地间，怀抱着虔敬的心灵，冒着生命危险往圣山涉水而去，当终于触摸到修道院最底层的巨大岩层时不禁狂呼："喜悦之山！"

而当修道院巍峨的建筑自浓雾中露出时，疲惫不堪的人如见到天堂大门开启般喜极而泣。今日人们不再需要像中世纪那般冒着生命危险登陆此岛，但初看到修道院时的心情转换依旧充满朝圣客般的戏剧性。

右页：圣米歇尔山修道院的日景和夜景同样迷人，美得犹如一则神话、一篇过目不忘的视觉诗篇。

高高地位于大教堂顶端的圣米歇尔像。这位以正义勇敢出名的总领天使，今天仍受天主教徒的热爱。

toilettes

总领天使守护人灵

这座原是荒岛的不毛之地，怎么会变成西方昔日最重要的修道院和朝圣地？让我把历史坐标拉到遥远、遥远的从前。

首先看看修道院的主保天使圣米歇尔（Saint Michel）究竟是何方神圣？随着发音的不同，圣米歇尔亦译为“圣米迦勒”或“圣弥额尔”，是《圣经》里提到的三位天使之一，希伯来文原有“谁似上帝”之意。

圣米歇尔被《圣经》尊为“总领天使”（Archangels）及以色列的守护天使；在《新约·启示录》中，他曾战胜邪恶势力的红龙。除此之外，他也是天堂大门的看护者，衡量善人与恶人的灵魂，并保护人灵免受邪恶的诱惑。欧洲著名的哥特式大教堂正门，凡是有以“最后的审判”为题的雕刻，都能看到这位天使手持着秤，毫不留情地估量人灵的善恶。

罗马天主教会承续犹太人的传统，特别重视圣米歇尔总领天使，并视他为天主教会的守护天使。整个天主教地区，拥有大批以总领天使命名的教堂，圣米歇尔岛上的圣米歇尔山修道院是其中最重要的一座。

仿若正义化身的圣米歇尔，与法国历史息息相关。15世纪中叶，英法百年战争结束之后，圣米歇尔取代圣丹尼斯（Saint Denis）成为法国最重要的守护天使。至19世纪普法战争期间，圣米歇尔天使依旧是法国人心目中最重要的民族守护天使，直到今天仍受罗马天主教会的重视，甚至传说某些难以处理的附魔案例，仍须由总领天使亲自出马才能奏效。

前跨页：修道院位于海上孤岛，拥有得天独厚的天然屏障。顺着地势层级而上的修道院，更以一道半月型城垒，拱卫着高高在上的圣堂，构成壮阔又美丽的景观。沿着台阶拾级而上，游客在进入大教堂前已感受了无可言喻的神圣之气。

右页：来到岛上，首先看到的是由无数商店所构成的小村落，狭窄的商店街道，中世纪时以接待朝圣客为主；到了19世纪，圣米歇尔山的观光价值超越了宗教朝圣，因此在1950年以后，岛上最后靠海维生的渔民也迁出岛了，使这里成为不折不扣的观光小村。

修道院最顶端的圣米歇尔雕像是19世纪的作品，这尊踩着邪龙的雕像原作现藏于巴黎的奥塞美术馆（Musée d'Orsay）内。

Hotel
St Michel
restaurant
RESTAURANT
AUX
ARMES
REUNIES
STAURANT
BLANC

高踞于顶端的修道院，使人们必须踏上迂回曲折的阶梯才能抵达，雄伟的防御系统使它度过炮火连连的英法百年战争，且未沦陷于英人之手。

右页：修道院的最顶端是最接近穹苍的大教堂，人类对神明的崇敬，在海天一色的天地间表露无遗。

墓穴之丘

原有隐士居住、名为“墓穴之丘”（Monte Tombe）的荒岛，是如何与圣米歇尔结缘，而成为宗教胜地？这有一段近似神话的传奇。

8世纪时，墓穴之丘附近的阿夫朗什（Arvaches）地区，主教奥贝尔（Aubert）梦见总领天使圣米歇尔，命令自己要在墓穴之丘兴建一座以他为名的修道院。这位可爱的老先生将这讯息视作梦境一场，未料圣米歇尔再度显现。这回，以正义感出名的总领天使毫不客气地用手指戳破了老主教的头壳。吓坏的老主教再也不敢掉以轻心，并戒慎恐惧地派遣使者前往今日意大利境内的加尔加诺（Gargano）半岛，取回传说中的圣米歇尔圣物——其中包括他曾落脚过的祭台残块。

有了取信大众的信物后，奥贝尔主教开始在墓穴之丘兴建圣所，墓穴之丘之名被“圣米歇尔”取代后逐渐被遗忘。其间有位贵族带领十一名僧侣来到岛上，遵循严格的本笃会规，过着半隐居的修士生活。圣米歇尔山修道院于10世纪时以罗马式的建筑风格扩建，随着无远弗届的宗教热情，完工后的大修道院吸引了更多朝圣者，包括英王亨利二世、法王路易七世，以及两位日后的鲁昂（Rouen）大主教，这些有钱有势的贵人为修道院带来可观的财物。

13世纪时，诺曼底所属的盎格鲁诺曼王国分裂，法王菲利普·奥古斯都经过一连串的征战，终于拿下诺曼底。为了弥补圣米歇尔山修道院在战火中的损失，法王拨出大笔资金，以当时西欧最流行的哥特风格重建修道院，使之成为诺曼底境内最美、最大的朝圣地。

天堂之旅

圣米歇尔山修道院堪称大自然与人工建筑相结合的最伟大范例。

古老的建筑群在面积有限的圆锥巨岩上层层累建，与大自然争地。尤其是位于最高点的教堂中堂及耳堂，几乎直接坐落在巨岩顶端，而不完全靠地基支撑。精巧的设计，使整座建筑群不显拥挤，反而曲折迂回，别有洞天，常能在某一角落惊见建筑群外的自然景色。

若说登陆这座以巨浪著称，有时在同一地点海浪落差就高达四十米的海湾修道院是一次身历其境的天堂之旅，不算夸张。从硬件设计来说，人们由南边正面的城门入岛后，首先接触到的是修道院下方许多商店组合成的小村落，这些村落商店依然热闹，包括有旅店、餐厅、纪念品馆，只是所接待的客人从朝圣客变成观光客。

经过村中的圣彼得礼拜堂后，拾级而上，逐渐朝修道院攀登。从前朝圣客首先经过最底层储藏室、救济品发放室，到第二层有许多厚重石柱支撑的礼拜堂，再经过抄经楼、客房，最后到达小岛最高处的圣堂，以及最接近穹苍的修道院中庭花园。

这一层层的巧妙动线设计，仿佛让人经过人间、净界，最后终于抵达天国一般。

地球上所有的建筑都是因应人类的实际需要而建。西欧建筑史上举足轻重的圣米歇尔山修道院，除了有实际的居住功能外，更担负着抽象的宗教意义与功能。如何透过冰冷的建筑表达人性的渴求与需要？这是建筑范畴向来难以达成的挑战。而圣米歇尔山修道院却是西方世界完成这项企求的显赫范例之一。身处修道院所盘踞的小岛上，我几乎能随时随地地借着这壮观建筑体会到天地之间那股无以言喻的神圣之气。

从圣米歇尔山入口处到修道院还有一段距离。顺应特殊地形而建的修道院，虽是以礼敬神为主的宗教建筑，却曾精心考虑过实际的防御功能。一路走上来，仿佛朝圣一般，净化着来客的心灵。

古老的礼拜堂

村落往修道院的这一段西边的正面阶梯，地势陡峭，阶梯呈“之”字型，蜿蜒而上，每一个交会处，都是回首下望这人间胜景最屏息的地点。

右页：依附在圣米歇尔山北面礁岩上的圣奥贝尔（Saint Aubert）礼拜堂建于15世纪。这座突露于城墙外的礼拜堂几乎是大修道院的缩小版。

上左：大教堂的地下层，宛若一座难以分辨东南西北的迷宫。位于耳堂的礼拜堂，在光与影的设计下显得圣洁无比。

上右及右页：修道院最高处的大教堂唱经席以15世纪的哥特晚期火焰式风格兴建，纤细梁柱使唱经席有如透明的玻璃窗笼，与罗马式的主堂呈现全然不同的风格。

进入修道院之后，首先到达已成为入口大厅的昔日修道院储藏室；拾级而上，是一片片厚实墙壁及石柱所架构出的修道院第二层，宛如迷宫的第二层，包括有：相当古老的小圣母堂（Our lady underground）、圣玛德琳（Saint Madeleine）礼拜堂、圣马丁（Saint Martin）礼拜堂、圣安妮（Saint Anne）礼拜堂。这个区域是典型罗马式风格，约建于11世纪前后，是大修道院最古老的建筑部分，也是上层建筑的坚实地基。

只能放张祭桌及容许少数人站立的各个礼拜堂，祭台后，半圆顶室小窗户透进来的有限光线，使这里透着一股神秘的、幽静的气息，让人产生对光的企求—— 一种对灵性追求的具体象征。最北端的石柱群正是楼上教堂唱经席及半圆顶室所在的地基位置，这些石柱扛有负万斤之力的重要地基功能，然而其高度和空间设计，都注意到美的需求而不显得笨重。

永不止息的奇迹楼

第二层的北面有座以走道与这片礼拜堂相连的建筑，名为“奇迹楼”（The Marvel），楼下有抄经室和客房，楼上有中庭花园和餐厅，

骑士客房与贵宾客房同为13世纪所建，前者是昔日僧侣抄经之处，粗重厚实的梁柱与贵宾房的纤细成为强烈而有趣的对比。

是圣米歇尔山修道院次于大教堂的美丽建筑，令人叹为观止：那些早已不可考的中世纪石匠在有限的空间里发挥出傲人的创造力。驻足在这些楼层里，无论从哪个角度观看，除了和谐和端庄，还有一种绵延不绝的韵律感，尤其是二楼的抄经楼和客房支撑着三楼的建筑，两座大厅里虽然有成排的石柱，却不显得突兀壅塞，反而有种流动的视觉效果。

约建于13世纪的奇迹楼，洋溢着十足的哥特风格，使用肋顶以使墙面可以开启一扇扇的大窗户。这些明亮大厅与另一方向厚重、隐暗的罗马式建筑，形成了有趣的对比。

我们距离历史现场太遥远，难以想象当年僧侣们在这两间大屋子里抄经、传递知识的景况，更难想象有哪些达官贵人曾在这些客房流连？驻足其中，只有永不止息的回声，在空荡石屋里诉说着久远的记忆。

位于奇迹楼西栋第二层的贵宾客房，以往用来接待皇室贵族或其他尊贵的朝圣客。有人认为这间房间是圣米歇尔山修道院最古老的哥特式建筑，甚至比哥特艺术真正发源地法兰西岛（Ile de France）更古老。

大教堂的美丽与哀愁

奇迹楼的第三层是修道院的餐厅和中庭花园。餐厅和花园旁是全修道院最高的建筑——修道院的大教堂。

这座大教堂主要墙面和结构为地道的罗马式风格，但高耸的拱廊似乎预言哥特式大教堂时代的来临，尤其是大教堂的唱经席是以15世纪的哥特晚期的火焰式风格兴建，为承袭罗马式建筑最完美的脚注。纤细的梁柱使唱经席有如透明的玻璃窗笼，与厚实的罗马式主堂呈现出强烈的对比。坐在主堂里往东面祭台方向望去，前方一片明亮，充满无须言明的宗教隐喻。在高耸的教堂里，让人打心底佩服中世纪人们的毅力。

在完全靠手工作业的时代，且不论这些石材从内陆运来，光是如何拖上陡峭的修道院已让人惊叹！然而，在历史的洪流中，这些伟大成就不是被人无暇重视就是被一路往前的时代巨轮辗过。

位于奇迹楼东栋最顶层的修道院餐厅，是西方中世纪最卓越的建筑之一，罗马式的空间为带有窗户的细小圆柱所间隔，充满韵律感。

14世纪初英法百年战争时，圣米歇尔山修道院奇迹般地未被英军征服——就连被英国人以女巫罪嫌烧死的圣女贞德（Jean of Arc），都曾自称受圣米歇尔的指示，为国家民族奉献生命。至此，对圣米歇尔总领天使的崇敬达到前所未有的高峰。

然而，盛极必衰，当宗教热情无法延续，圣米歇尔山修道院就像法国大部分的宗教建筑一样，随着社会思潮的变迁而走下坡。18世纪末期，偌大的修道院早已没有僧侣，甚至变成上不着天、下不着地的海岛监狱。据说，绝望的景象，让前来此地参观的大文豪雨果深感吃惊。而这不过是两个世纪前不算太远的事。

修道院今日已无法嗅出当年的宗教狂热，但宗教强调往内心追求，反而在表面形式消失殆尽后变得格外清晰。每年夏夜，大修道院会举行“光的巡礼”活动，而且行之有年。整座修道院内外都搭配着精心设计的灯光并回荡着格里高利圣咏（Gregorian Chant），

上左：大教堂的地下有绵延不绝的石柱丛林。这些厚重的石柱撑起了最上层的大教堂建筑。

上右：花园回廊是圣米歇尔山修道院最令人屏息的景观之一。19世纪整修之后，将原本开放的空间以三面石墙包围，形成今日较封闭的状态。

古老建筑经过光线烘托，像是从历史余烬里复活。昔日位于大教堂边的餐厅由细小圆柱间所透出的光线，似一首轻快的光的协奏曲，典雅轻盈，散发出令人不敢直视的绚丽。

修道院的秘密花园

从餐厅往外走，就是修道院的中庭花园，这里是修道院人间天堂的具体呈现。受到地形的影响，圣米歇尔山修道院的中庭花园坐落在修道院西北方，而不似其他修道院把中庭花园置于正中央。

中世纪时期这里不对世俗大众开放，于是在世人眼里，这座花园往往是比修道院教堂更具神秘感的秘密花园。过着克己生活的僧侣在这里，除了休憩、祈祷、默想，更可举目眺望穹苍，直接与造物者对谈。

花园四周符合人体工学设计的梁柱以及回廊空间，使面积不算大的空间得以进退宽裕，并让来自四面八方的人们能够放轻声、静下心。随着阳光的游移，花园里的光线没有一刻钟是相同的，而呼啸不止的风声如透过扩音器般地撼人心弦。

千百年来，匆匆来去的人们在这里俯视整个圣米歇尔海湾的伊甸园，终能体会到宇宙间那种无始无终、无边无际的永恒滋味，这深刻的感悟，岂不是为这座宗教建筑热烈献身者最殷勤的企盼？

修道院顶端的花园，昔日种满药草与香料，是大修道院最接近穹苍的人间天堂。

花园的回廊石柱原本以英国的石灰岩为材料，19世纪时因风化腐朽而被换下，但从石柱上层的石灰岩雕刻，仍可看出当时的罗马式风格。

激发古迹新生命

若没有人的继续参与，再有价值的古迹也不值得保存。

以圣米歇尔山修道院为例，与大自然完美结合的美景早已令人印象深刻。然而，为了激发古迹新生命力，许多年前，修道院当局与艺术家、技术工程师推广“光的巡礼”观光活动。名之为观光，这个美不胜收的活动却充满着艺术气质。

每年夏夜当太阳整个下山后（约夜间十点），大修道院里里外外全打上了神秘瑰丽的灯光，配上悠扬吟唱的格里高利圣咏，整个空间里布满富有现代感和宗教气息的雕刻，所有参观者按照动线自由进出。

参与活动设计的艺术家发挥了惊人的创造力。古老的修道院在精心设计的光与音乐气氛中，变得光彩夺目，整个已不复存在的中世纪气息就此复活过来。

许多法国古迹到夜晚都会打上灯光，经过专业设计的灯光是极佳的媒介，能确保不破坏古迹。例如，经由考古发现，亚眠大教堂门面的雕刻当年全为彩色，为了还原色彩，亚眠大教堂亦采用“光的巡礼”，相较于圣米歇尔山修道院，两者几乎同样光彩夺目。古迹透过光线的营造，往往比白天绚丽。

这两项艺术工程因先前都有完备的设计与制作，而得以成为行之有年的文化活动，把先前投入的庞大制作费用全部回收。这种永续经营的诚恳与意愿，着实叫人羡慕。

巴黎
塞纳河两岸

Chapter

2

若把巴黎市容视为体魄健美的身躯，贯穿全市的塞纳河（la Seine）就像强而有力的大动脉。法国诗人波德莱尔（Charles Baudelaire）写道："蚁聚的都市，布满着梦幻的都市，那里的幽灵公然在大白天勾引行人，神秘像树汁般到处流动，在这庞大都市狭窄的动脉之间。"

移动的盛宴

“巴黎是一处可移动的盛宴。”美国著名大文豪海明威（Ernest Hemingway）如是形容这座迷人的城市。

每年都有千千万万来自世界各地的观光客涌进巴黎，对他们而言，这座集历史、遗迹、艺术、风光于一身的城市，充满魔力，像是拥有取之不竭的宝藏。

无情的第二次世界大战并未带给巴黎太多的破坏，就连老巴黎人都说，纳粹德国向来就喜欢巴黎。大战末期，希特勒的阵前大将违抗命令，坚决不肯轰炸塞纳河上的古桥和巴黎市。今日巴黎是艺术之都、时尚之都、浪漫之都，拥有全世界各地以迷人的美丽知觉所冠以的独特封号。

右页：巴黎，丰富的历史，优雅的建筑，风情无限的塞纳河，动人的艺术、醇酒、佳肴、时尚，是艺术爱好者一生得来朝拜一次的圣地。巴黎不仅是一座城市，更是所有美好感觉的具体呈现，是一种永无止境的幻想，更是一个历久弥新的惊叹号！

前跨页、下图：位于塞纳河畔的巴黎圣母院为哥特鼎盛时期的杰作。这座伟大的宗教建筑因雨果的同名小说而成为巴黎最具代表性的图腾。

名城之河慢慢流

每座观光名城几乎都有一条著名的河流，例如：伦敦的泰晤士河（Thames）、布拉格的莫尔道河（Moldau），但都不及巴黎的塞纳河出名，尤其是河流两岸汇集各种建筑风格之大成的历史建筑，使塞纳河两岸列入联合国教科文组织的世界遗产名录。

如果把巴黎市容视为体魄健美的身躯，无疑地，贯穿全市的塞纳河就像强而有力的大动脉。欧洲没有一座城市像巴黎一样，从城市的街道号码到距离，都是以塞纳河为计算依据；更没有一条河像塞纳河那样把整个首府分割为两部分：南北两边的塞纳河被分成世人所熟知的河左岸及河右岸——塞纳河南面是古老城市的发源地，北面则是孕育出19世纪及20世纪新文化的大舞台。

巴黎重要的建筑几乎全依着塞纳河两岸兴建。若从圣母院往西走，卢浮宫（Musée du Louvre）、奥塞美术馆、大皇宫（Grand Palais）、荣军院（Invalides）、艾菲尔铁塔（Tour Eiffel），全在河的两岸。无论是日正当中或夜幕低垂，随着季节及时间的流动，塞纳河永远有动人的风貌：河岸边或是旧书摊，或是沿着塞纳河散步的人，甚或无所事事地在堤边晒太阳的流浪汉。塞纳河是巴黎的万花筒，更是巴黎人的生活缩影，富商豪贾、穷光蛋、诗人、哲学家、画家，所有的人在塞纳河畔一律平等。

塞纳河丰富了巴黎的文化与生活，画出美丽的巴黎城市景观，不管日正当中或夜幕低垂，塞纳河两岸总荡漾着动人的风貌。

塞纳河不仅是巴黎人的生活重心，也是外来者深入了解巴黎文化的重要一环。风情万种的塞纳河是巴黎的大动脉，城内所有建筑都依着河的两岸而建。

巴黎圣母院

巴黎圣母院（Notre Dame de Paris）是塞纳河沿岸最具代表性的历史建筑。位于西堤岛（Ile de la Cité）上的圣母院，是巴黎的宗教圣地。除了建筑成就外，这座1163年奠基的哥特式大教堂，亦见证了法国历史：1422年亨利六世在此加冕；1804年拿破仑挟持罗马教皇在此地为他戴上帝王的冠冕；法国大革命时期，偌大的教堂更成为不再崇敬神祇的理性之殿。

拥有无数雕刻杰作及彩色玻璃的圣母院大教堂，19世纪前已岌岌可危，却在不怎么欣赏天主教的大文豪雨果的小说《巴黎圣母院》问世后，再次得到法国政府的重视，得以完全修复。赋予圣母院新生命的是天才建筑师维奥列·勒·杜克，这位19世纪最伟大的考古建筑家，不只修复巴黎圣母院，还维修了包括亚眠大教堂、卡尔卡松城堡等大批建筑古迹。

圣母院墙上的雕刻及玫瑰花窗都是哥特艺术精品，尤其是西正面正门上的雕刻，是13世纪雕刻艺术的杰作。

右页：建于12、13世纪的圣母院是塞纳河畔最伟大的宗教建筑。

圣厄斯塔什教堂

巴黎以塞纳河为界，划分成许多不同区域，这些区域因景观和人文背景而享有盛名，如：河左岸拉丁区曾有大批教士、修道士和学者居住，经营出知识文化重镇的氛围；河右岸则是以圣厄斯塔什教堂（Church of Saint-Eustache）为主轴的列·阿莱（Les Halles）区，花了数百年兴建完成的圣厄斯塔什教堂是哥特式和文艺复兴式建筑的混合体，有不少历史性的大事件在此发生，是巴黎最重要、最美丽的教堂。教堂广场上亨利·摩尔（Henry Moore）的现代雕刻作品更是游客最爱，这尊仰天的巨型石雕，仿佛表现出现代人对古老信仰的质疑。

圣厄斯塔什教堂是巴黎另一座著名的哥特式教堂，教堂前庞大的亨利·摩尔的现代石雕，对人们质疑自身所为何来的精神做出了最有力的具体见证。

现代巴黎与古典巴黎

拥有古老街道的河左岸是巴黎各种学术思潮的发源地，若以17世纪分界，位于塞纳河南边的左岸是为“古典的巴黎”，右岸则为“现代的巴黎”。

拉丁区及圣日耳曼（Saint Germain）附近的古老街巷，是诗人及哲学家经常流连的地方，尤其是区内几家有名的咖啡馆更是思想家高谈阔论的地点。拉丁区自中世纪起就已聚集了数万名的学者及教士，13世纪中期索邦（Sorbonne）大学成立后，这里就成为巴黎的学术及文教中心。蔚为古典巴黎的左岸有几座举世闻名的建筑：奥塞美术馆、巴黎荣军院和艾菲尔铁塔。

右页：卢浮宫藏品分为七大部分、同时展出三万件作品。卢浮宫里集新古典主义的优雅、浪漫主义的表情于一身的雕像，让观赏者赞叹不已，不忍离去。

奥塞美术馆

1986年，法国政府将闲置近四十七年的旧火车站改建为奥塞美术馆，主要结构由意大利建筑师设计，是巴黎城内以现代手法复兴老旧建筑的成功案例。玻璃屋顶搭配钢筋拱架、水泥墙面，让美术馆古典架构洋溢着新颖的现代风格，尤其是将昔日候车室和站台变成展示画廊更是绝妙的设计。这座美术馆主要展出1848至1914年的画作及雕塑。凡·高（Vincent Van Gogh）、莫奈（Claude Monet）的名画可以在这里没有距离地看个过瘾，此外，还有许多罗丹（Auguste Rodin）的雕塑。奥塞美术馆具有亲和力的展示设计，使高不可攀的精致艺术平民化。

奥塞美术馆的馆藏十分丰富。旧车站改建的美术馆，收藏了大量19世纪至20世纪初最重要的绘画及雕塑作品。

巴黎荣军院

巴黎荣军院于17世纪末由路易十四下令兴建，是座古典式样的建筑。荣军院的圆顶教堂由法国著名的建筑师芒萨尔（Jules Hardouin-Mansart）所设计，供皇家举行丧礼之用。教堂圆顶由三十五万张金箔所覆盖，是法国古典主义教堂的代表，让欧洲人胆战心惊的拿破仑的石棺就安放于此。

Studio

艾菲尔铁塔

位于蒙马特区的白色圣心大教堂（Basilique du Sacre Coeur），是该地区最醒目的建筑。这座大教堂建于19世纪普法战争时期，大教堂前的广场是另一处巴黎生活的橱窗，大广场的阶梯上永远聚集着大批人潮。

左岸最后一座著名建筑，就是法国为纪念1889年万国博览会以及炫耀财力与国力而修建的艾菲尔铁塔。这座高达308米，由两百多万块绞钉铁板连结的铁塔，兴建之初遭尽批评，而今这座名闻全球的铁塔却成为法国的象征。若把兴建铁塔的时间坐标与中国相对照，会发现这座铁塔竟然在晚清内忧外患覆亡前二十年就已建造完成！让我不免感慨法国在天时地利中求新求变的创造力。

与艾菲尔铁塔遥遥相对的，是位于塞纳河右岸的凯旋门（L'Arc de Triomphe）。1830年拿破仑为纪念大胜奥俄联军建造的凯旋门高50米、宽45米，凯旋门下为无名英雄纪念碑。

协和广场

巴黎的十二条大道都是以凯旋门为中心，向外放射，包括举世闻名的名牌精品街——香榭丽舍大道（Avenue des Champs Elysées）。香榭丽舍大道绵延数公里，街道两边的时髦商家是资本主义最精致的橱窗。

过了商店区，两旁全是夹道的梧桐树，连结大道底端的是巴黎最腥风血雨的地方——建于1755年、有大批王公贵族在此断头的协和广场（Place de la Concorde）。

凯旋门是为纪念当年拿破仑战胜奥俄联军所建，有十二条大道以此为中心，向外呈放射线状，显得壮观无比。

右页：几个世纪的涵养与累积，今日巴黎有古典庄严的一面，亦透露现代新潮的讯息。新旧对唱，兼容并蓄，巴黎宛如传统与创新合一的交响曲。

J - 197

荣军院又名“拿破仑墓”，里面有18世纪的宫廷与花园设计，还有一座圣路易礼拜堂。荣军院的圆顶全贴着昂贵的金箔。

左：两旁种满法桐树的香榭丽舍大道，是巴黎（甚至世界上）最美丽的道路。

右：一片和谐的协和广场，昔日曾是残酷的血腥之地，如今只见美丽的历史遗迹，广场上占地广大的喷泉，让人早忘了血腥的过去。

贯穿巴黎的塞纳河，不仅是古老的城市发源地，更是19、20世纪现代文化诞生的大舞台。

协和广场是巴黎最大、最著名的公众广场，原是为路易十五搭建的个人寓所，但其浩大的花费终于导致民怨，引起市民暴动，成为屠杀贵族的屠宰场。法国国王路易十六就在1793年1月21日当众被斩首于广场上。

而今广场上放置十二座代表法国各大城市的雕刻，广场中心有一座埃及总督于1829年赠与查理五世的方尖碑。花园、喷泉、绿地、美术馆，当年血腥的广场，今日却是一片和谐。

从协和广场往前走，可看到一座与凯旋门相对的迷你凯旋门，这座被称为小凯旋门的建筑上安置着1806年拿破仑从威尼斯圣马可大教堂顶端掠夺来的金马车，如今在凯旋门上的雕刻是复制品，原作早已物归原主。

巴黎的骄傲

穿越凯旋门就是巴黎最大的骄傲：誉满全球的卢浮宫。卢浮宫12世纪时是据守塞纳河的要塞，16世纪改建为美丽的宫殿，最后在拿破仑当政时期改建为举世闻名的博物馆。卢浮宫是集各种建筑风格于一身的伟大建筑，整座建筑以巴洛克风格为主，再加以新古典主义。而广场中庭竟然有华裔建筑家贝聿铭设计的玻璃金字塔——仿佛向古典致敬般，相互辉映。

就像所有前卫的建筑一样，这座金字塔在建造之初饱受讥评，然而，开幕后，再刁钻的批评者也不得不佩服设计者的天才。这座作为卢浮宫入口的玻璃建筑，将卢浮宫各个不同出入口集结一处，不论任何时候，室外千变万化的光线全洒进室内，轻盈的钢管结构更不会让人有压迫感。

卢浮宫藏品的性质分为七大类，同时展出三万件精品，为方便赶时间的游客，博物馆导览相当清楚。在这里，如此贴近心仪的巨作，是无与伦比的畅快经验。

从卢浮宫往前走就可来到巴黎最重要的现代美术馆——蓬皮杜中心（Centre Pompidou）。这座近代开幕的美术馆，展品以20世纪的艺术作品为主。广场上的雕刻，近乎玩笑般地张狂而有趣。这就是巴黎，在老气横秋的历史气息中，总怀有一颗永远年轻的赤子之心。

罗马不是一天造成的，巴黎何尝不是如此？

今天看到的巴黎主要是19世纪拿破仑三世统治时扩建的产物，历时十七年，花费近二十五亿法郎打造的新巴黎，面积足足扩大一倍，而这项改革却拆掉了近三分之一的中世纪和文艺复兴时期的建筑、十分之一的私人宅邸。有人断言，改建前的巴黎应比今天更漂

浪漫派巨匠德拉克洛瓦（Eugene Delacroix）的名作，是卢浮宫内众多重要的展品之一，如此近距离地欣赏杰作，是快意非凡的经验。

右页上：位于卢浮宫正中央，由华裔建筑师贝聿铭所设计的入口金字塔，是今日巴黎的新地标。这座向古典建筑致敬的现代建筑，是贝聿铭最伟大的杰作之一。

右页下：卢浮宫最早的建筑历史可上溯至1190年，它是巴黎最重要的艺术瑰宝，也是举世无双的艺术博物馆。

后跨页：当年饱受讥评的玻璃金字塔，今日已成为卢浮宫的新图腾，天才艺术家为丰富人们心灵的贡献一点也不亚于宗教。

罗丹为他的情妇卡蜜儿（Camille Claudel）所作的雕像，是奥塞美术馆最受欢迎的展品之一。命运乖舛的艺术家，其清纯的样貌，实在叫人唏嘘。

1977年建成的蓬皮杜中心，每年至少吸引七百万游客，广场上有如卡通造型的彩色喷泉，为匆忙的现代生活增添几许清新活力。

亮。不过，旧时的巴黎是个连下水道都没有的古老城市，或许所谓“现代化”，在诸如北京这样古老的城市里，实在是鱼与熊掌难以兼顾。

将巴黎塞纳河两岸列入世界遗产名录是个不错的典范，而这是外在的肯定，我们尚未身历其境地感受巴黎的种种，那种情调绝对不是只靠“金字招牌”所能营造，而是如海明威笔下所描述的盛宴内涵——一场只有亲身参与才能领略的美丽盛宴。

巴黎有世界上最精致的表演艺术，求新求变的巴黎人并不墨守成规，新歌剧院（左）与旧歌剧院（右）在外观上形成强烈而有趣的对比。

知己知彼，百战百胜

卢浮宫是巴黎乃至法国最伟大的博物馆。到卢浮宫，我主要浏览文艺复兴以降（包括19世纪的浪漫主义与新古典主义）的藏品，那些世界绘画名作像摆地设摊般挂满整片墙，令人目不暇给。

多数人都公认:《维纳斯》《胜利女神》和《蒙娜丽莎》是卢浮宫镇馆之宝。有意思的是，这三件作品都不是源自法国。前两件雕刻为古希腊出土的作品，后者是意大利达·芬奇（Leonardo da Vinci）的杰作。许多卢浮宫里的藏品是拿破仑进攻欧陆各国时抢回来的东西。这位善于掠夺的军事强人，除了抢走威尼斯圣马可大教堂（Basilica di San Marco）上的金马车，连德国亚琛大教堂内的石柱都没放过。我不免用“酸葡萄”揶揄着:卢浮宫里真正属于法国的东西实在不多，而台北故宫光是自家文物都展示不完哩!

法国佬整理与推销自身文物的功力，确实令人叹为观止;他们对外来文化开放与研究的态度及延伸而出的文化活力更叫人敬佩。如玻璃金字塔正是美国华裔建筑大师贝聿铭所设计，完美无瑕的建筑更添卢浮宫的风华。法国人起初质疑，后来仍不得不佩服。法国文化营销全球源自饱满的自信，“知己知彼，百战百胜”。光是“知己”，我们就还有许多努力空间，丰盛无比的卢浮宫给我如此灵感。

哥特式大教堂巡礼

Chapter 3

史学家威尔·杜兰如是说："站在圣母院前会使人感到谦卑。宽广的大教堂中堂，使人们忘却污秽的战争与罪恶，并讶异于中世纪人们的耐心、鉴赏力及热忱。那些千千万万被历史遗忘的人们，用对艺术的誓言，赎回了历史的血腥与罪孽。"

沙特尔大教堂

前跨页：巴黎之岛的圣丹尼斯大教堂内观，其为哥特式建筑的发源地。

数百年来，沙特尔大教堂（Cathedrale de Chartres）的建筑及艺术成就受到普世的赞赏。公元2000年时，地球上许多媒体在为西方历史作编年纪时，只要谈到13世纪哥特式建筑，最具代表性的莫过于这座始建于公元1194年，有哥特式建筑经典之称的沙特尔大教堂。

右页：建于13世纪哥特高峰期的沙特尔大教堂是哥特式建筑的经典。这座通天的大教堂无论从哪一个角度看来，都是一场丰富的视觉盛宴。

你若是一生只想看几座哥特式大教堂（好像不太容易，欧洲几乎每一个著名的古城里都有哥特式教堂），那么位于巴黎近郊的沙特尔大教堂，是你绝不能错过的。

由巴黎驱车前往沙特尔镇顶多五十分钟的车程，沿途景观优美；若是自行驾车，当车子离沙特尔镇还有相当距离时，你就会在几十公里外的公路尽头看见沙特尔大教堂如海市蜃楼般的身影，朝着朦胧如幻影的教堂前进。车子终于靠近沙特尔镇时，沙特尔大教堂就像块从天而降的巨大陨石屹立于城镇的正中央，那巨大挺拔的身躯，让人印象深刻的程度决不亚于已不存在的纽约世贸中心。

沙特尔大教堂唱经席的石刻屏风。这一部分为16世纪初期的原作，从左至右分别描述五旬节、圣母与圣约翰朝拜十字架，以及圣母升天的情景。

LA VOUTE ROMANE
PIZZERIA - GRILL
PIZZAS ET PLATS A EMPORTER
7959 TP 28

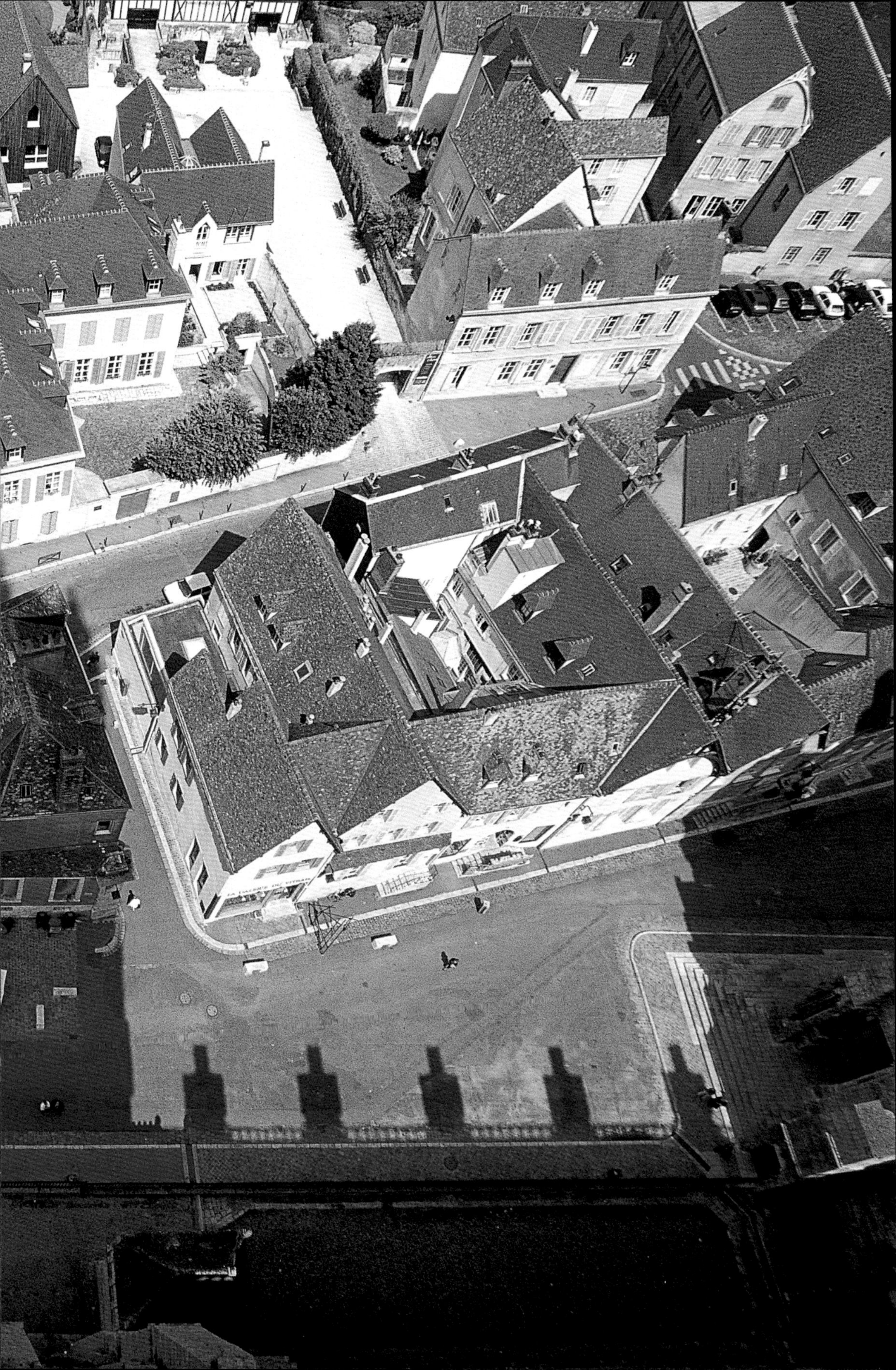

百闻不如一见

前跨页：位于巴黎南郊的沙特尔镇，自古以来就以这座经典的哥特式大教堂闻名于世。由大教堂的钟楼往下望去，大教堂庞大的身影与镇上的房舍比较起来更显得卓尔不群。

右页：美丽的哥特式大教堂在19世纪时才得到公平的对待，在此之前，文艺复兴以后它一直被视为野蛮人的杰作。图为大教堂唱经席内的"圣母升天"雕刻，在彩色玻璃的辉映下，衣衫飘动的圣母给人一种仿佛要凌空而去的错觉。

我永远忘不了初次见到沙特尔大教堂的情景：那是个阳光并不明朗的早晨，我在巴黎的东站上了往沙特尔镇的火车，一路上心里仍在揣测这座盛名远播的大教堂能带给我多少感动？

出了车站，沙特尔大教堂铜绿色的尖顶遥遥浮现在小镇鳞次栉比的屋顶之上，夹带着期待又怕受伤害的忐忑心情，穿过大街小巷，终于来到大教堂正门前。

百闻不如一见，结构优雅完美的沙特尔大教堂神威凛凛，几乎令我不敢直视，那灰色的石造建筑回荡着如乐音般的韵律，像是一阙不可思议的神曲再现。

人性中最难捉摸的感性与知性精神竟能藉由没有热度的建筑，结合得如此的完美，如此的绝对。若是教堂前有跪凳，我真想双膝着地开始顶礼起来。

献给圣母的教堂

顺着大教堂满是雕刻的门楣往上望去，左右钟楼之间最高的雕像，就是救主基督，在基督之下则是比例大出许多的圣母怀抱圣婴雕像，看得出来这是座献给圣母的大教堂。

沙特尔大教堂回廊里的圣佩其礼拜堂一景

左页：沙特尔大教堂外观上的石刻是同时期的杰作，那一尊尊细长的石雕洋溢着一种感性与理性兼具的美丽神采。

我一直很喜爱法文“Notre Dame”这个发音优美的词，由字面直译则有“我们的女士”之意。很难理解为什么新教徒这么反对旧教传统中对圣母的推崇，在人性复杂的情感之中，还有什么比母爱更伟大、更令人向往?

也就是这一份人性的移情作用，法国一座座哥特式大教堂都是献给圣母玛利亚的。那审判生者死者的君王耶稣基督，在圣母的怀抱里就像一名再平凡不过的弱小婴儿，还有什么表达能这样的拉近“上帝”与“人”的距离?

沙特尔大教堂只花了近四分之一世纪就兴建完成，建造期间还曾遭祝融之灾而整个停建；当时信心完全崩盘的沙特尔居民，奇迹似的在灰烬之中发现了大教堂的镇堂之宝—— 一方相传是圣母曾披戴的头巾。完好无缺的圣母头巾再度燃起居民的热情，大教堂终能在极短的时间内完工献堂。

百年岁月在古老的教堂里已不具太多意义。今日，供奉圣母头巾的圣皮亚特礼拜堂里仍像是数世纪前那般终年香火不断；每年的八月仍有大批的巴黎学子像中世纪的人们一样，花一星期的时间由巴黎走到沙特尔大教堂朝圣。若说宗教信仰是迷信，那么，“人”本身就是最不可解的谜。

缤纷的宇宙

顺着圣母像往下看，巨大的玫瑰花窗下是三扇彩色玻璃窗，最底层就是上下左右布满雕刻的三扇大门。在西方悠久的雕刻历史中，也就只有哥特式的雕刻在丰富的人性中洋溢着一种超越的理性光辉；沙特尔大教堂门楣两侧，众先知的雕像利落优雅的身躯里蕴含着一种令人钦羡的宁静。他们虽然没有眼珠，却仿佛见到了天国似的那般安详自在。

在大教堂外徘徊良久，心怀恭敬地进入教堂。映入眼帘的是个难以形容的世界，那原本相当沉重的石制穹顶在嵌着彩色玻璃的墙面上，轻巧灵动地仿佛一敲即碎的蛋壳。教堂内与外面光线差异甚大，让人不自觉地睁大双眼，就在瞳孔能适应内部的光线时，才发现自身被一个令人惊异的宇宙所包围。由彩色玻璃窗透进的光线像是游戏般在堂内平坦空旷的地上嬉游，原本幽暗的空间突然变得缤纷起来。

沙特尔大教堂的石刻与彩色玻璃阐述的全是《圣经》故事，对中世纪那些不识字的平民百姓而言，一扇扇缤纷花窗上的故事是如此生动与亲切，美丽的图像胜过了千言万语的描述，超越了所有经院哲学能做的诠释。

这扇制于公元1210年的窗户讲述了耶稣救赎的故事，从耶稣开始宣道一直到上十字架的情节。

彩色玻璃的奇迹

沙特尔大教堂能在无数次的战火中挺立下来，本身已是个奇迹，更令人吃惊的是，堂内一百七十四块脆弱的彩色玻璃中竟有百分之九十以上为13世纪哥特式高峰期作品，在质与量方面，欧洲众多的哥特式大教堂无出其右。

这些玻璃窗上刻画了《圣经》故事、商会人士、国王、贵族等三千八百八十四位传奇人物的形象，因而使沙特尔大教堂享有“玻璃的圣经”美誉。

第一次世界大战前夕，大教堂当局为了躲避战火将彩色玻璃全部拆下，直到第二次世界大战结束多年后的20世纪70年代，才又将玻璃一扇扇地装回去；在详加考据的漫长复原过程中，竟然还发现有一扇窗户不知打何处来而无法归位。

宁谧的教堂里已嗅不到战火的味道，不过就在两个多世纪前，沙特尔大教堂与法国境内所有的大教堂一样，曾被大革命的狂热分子改成不再具有宗教用途的“理性之殿”，就连大教堂门楣四周的雕刻，也仅以一票之差，差点遭到全面毁灭的命运。

我在空旷的教堂内徘徊良久，被一种美的气氛包围，沉浸于一种灵性的感召。

我几乎可以体会到中世纪人们在大教堂里的感觉，那是一种混合着赞美、敬畏，还有那么一点人生所为何来的疑惑。阳光被彩色玻璃渲染得更加灿烂，我的心情也随着大教堂的穹顶，扶摇而上。

右页：沙特尔大教堂的祭台一景

斯特拉斯堡大教堂

这座以佛日山脉出产的红色砂岩兴建的斯特拉斯堡大教堂（La Cathedrale de Strasbourg），浑身红彤彤的有别于其他哥特式大教堂；至于大教堂未完工有如独角兽般一柱擎天的钟楼，也使它成为19世纪前欧洲最高的建筑物。

欧洲议会所在地的斯特拉斯堡位于今日的德法边界，由巴黎前来得搭上五个小时的火车，由此再往东行四公里就是德国边界了。斯特拉斯堡所在地的阿尔萨斯省自古以来就是兵家必争之地，17世纪中期以后陆续换了五次国籍，直到第二次世界大战结束才真正成为法国的领土。

右页：斯特拉斯堡大教堂，在19世纪前一直是欧洲大陆上最高的建筑物，由于经费用罄，只建了一个钟楼的大教堂，犹如独角兽般，孤立在斯特拉斯堡的城市天际线上。

斯特拉斯堡大教堂外观上的雕刻也是同时期雕刻的杰作。下图为大教堂南面入口处象征迷失的犹太会堂的蒙眼女子雕刻。

富有日耳曼风格

由于相当靠近昔日的日耳曼地区，斯特拉斯堡的哥特式大教堂虽然同样建于13世纪，但与一般强调高耸、仿佛能直通天际的哥特式大教堂不同，内部空间富有所谓的日耳曼风格。罗马式的中堂有相当宽阔的侧廊，宽度几乎是教堂内部高度的二分之一。为此大教堂内观少了点灵秀，而是充满着日耳曼式的英雄霸气，有别于巴黎附近的哥特式大教堂。

斯特拉斯堡大教堂原址是一座战神庙，从13世纪开始兴建，光是中堂部分就花了四十年的时光；宽广的侧廊则有从罗马式风格演变而来的痕迹。

建造哥特式大教堂除了靠民间的信仰热情，更是各城市虚荣竞争的结果。由于财源枯竭和艺术品味的改变，斯特拉斯堡大教堂自15世纪起便处于未完工状态，仅完成的一座钟楼孤零零地耸立在上方，使它更显特殊。

前跨页：斯特拉斯堡大教堂位于德法边界，这座哥特式大教堂内部洋溢着厚实又充满霸气的日耳曼色彩。

右页：斯特拉斯堡南面入口处的天文钟，是文艺复兴时期集科技、艺术于一身的杰作。每到整点，天文钟上的基督都会出来追逐正在敲响死亡丧钟的死神。

冻结的音乐

欧洲著名的大教堂，几乎栋栋是坐东朝西（信徒礼拜时能面向耶路撒冷）。旭日东升时，第一道阳光由东面的彩色玻璃窗射入，夕阳西下时，大教堂西正面沐浴在如火的夕阳中，更显得金碧辉煌、

斯特拉斯堡大教堂西正面入口的雕刻以圣母为主题。

VRANIA
DNS LVX MEA
MDCCCXXXVIII · MDCCCXLII
QVEM TIMEBO

美不胜收。斯特拉斯堡大教堂也不例外，装饰华丽的外表在黄昏中，有若炙热上升的火焰。斯特拉斯堡大教堂兴建时，已进入哥特式风格的巅峰期，所有哥特时期强调的精神，在此毫无保留地尽情发挥，西正面三座拱门上的雕刻及其四周的华丽藻饰，曾让德国文豪惊叹："简直是冻结的音乐！"

至于教堂内的彩色玻璃，同样是同时期哥特式艺术中的佼佼者，法国大文豪保罗·克洛代尔（Paul Claudel）曾赞美："透过斯特拉斯堡的彩色玻璃，充满血腥和神圣的历史再次得到了详述与证明。"

积极教化的雕刻

斯特拉斯堡大教堂的外部，在法国大革命期间曾严重受创，除了少数几尊雕刻，目前大教堂外观的雕刻大多是几可乱真的复制品。虽然如此，一点也不损及其艺术价值和欣赏趣味。

斯特拉斯堡大教堂外部雕刻，俨然是一部石刻的百科全书，处处可见中世纪动物、植物园的缩影，除了一些熟悉的牛、羊、鹅，更可以找到各式各样的叶子、花果图案，有的更具体雕出诸如玫瑰花、香草、包心菜的形状。大教堂西面三扇拱门中的两扇，因受到多明我会僧侣大阿尔伯特（Albert the Great）的影响，以教化人心的道德寓言为主题，而没有一般《旧约》中的圣人与先知。就以西正面最右边的大门两旁雕刻为例，门左方有四个人物，其中有三位代表受到诱惑的愚笨女人，另一位象征魔

斯特拉斯堡大教堂西正面右方大门的雕刻，以教化人心的寓言为主题，左方雕刻象征魔鬼诱惑愚笨的人，与右方雕刻中由圣彼得带领的智慧女性形成强烈的对比。

鬼的男人手拿着诱惑的苹果，虽然衣冠楚楚，长得一表人才，背后却布满蛇蝎等恐怖的生物。右方则以圣彼得为首，领导着三位手持油灯代表智慧的女性。

这些完成于13世纪且深受巴黎哥特式风格影响的作品，富有地道的阿尔萨斯精神。简单造型及夸张表情的雕像颇有卡通般的亲和力，不似一般哥特式大教堂的雕刻，往往相当严肃又难以亲近。

大教堂外众多的雕刻，有一种积极入世的特质，隐含着强调权威道统的作用。在教堂南面入口处更具体彰显这样的精神：罗马式的南面入口上方的雕刻，正中央坐着所罗门王，左右各有一位美丽女子，右边的女子双眼被蒙起，象征迷失的犹太会堂；左边那位头戴皇冠，手持十字架与圣杯，象征着教会的胜利。

由南大门入内，首先映入眼帘的是镇堂艺术瑰宝“最后的审判之柱”。这根完成于哥特式高峰期的柱子与旁边制作于文艺复兴时期的天文钟及管风琴，都是相当杰出的宗教艺术品。

建于18世纪、位于斯特拉斯堡大教堂边的主教宫，深受凡尔赛宫的巴洛克风格影响；内部则以轻快的洛可可风格装饰。由宫殿改成的大教堂博物馆，里面收藏着大批斯特拉斯堡大教堂的雕刻原作。

右页：斯特拉斯堡南面门入口的雕刻，讲述着教会胜利的故事，造型优美的雕刻蕴藏着点化人心的教育主题。

饱经战火的坚强身影

斯特拉斯堡旧城区风光明媚，但在第二次世界大战结束前，这是座烟硝不绝的城市；18世纪的法国大革命、19世纪的普法战争、20世纪的两次世界大战，这座城市无一幸免地受到严重的破坏。

拜访过斯特拉斯堡大教堂后，我又转进德国待了一段不算短的时光。在德国最后一站黑森林逗留时，在一处小镇的山头上看见十几里外一座如独角兽般的大教堂，我开玩笑地对德国友人说：“那座教堂真像是斯特拉斯堡大教堂。”没想到朋友回答：“那本来就是斯特拉斯堡大教堂。”我当时突然有种大梦初醒的感觉，刹那间我真想更改行程，开半小时的车冲到斯特拉斯堡去。

和风夕阳中，我只有暗自祝祷，欧洲终于和平了。也不过十年前，这么短的距离仍有边界阻隔，若是没有多次进出法国的签证根本过不去。圣母保佑，渺小的人类终于在野蛮的战争中学到了一些文明，一些最基础的基督教诲。能够在德国境内温馨的气氛里遥望位于法国境内的斯特拉斯堡大教堂，除了感谢，我再也找不到更好的词来形容了。

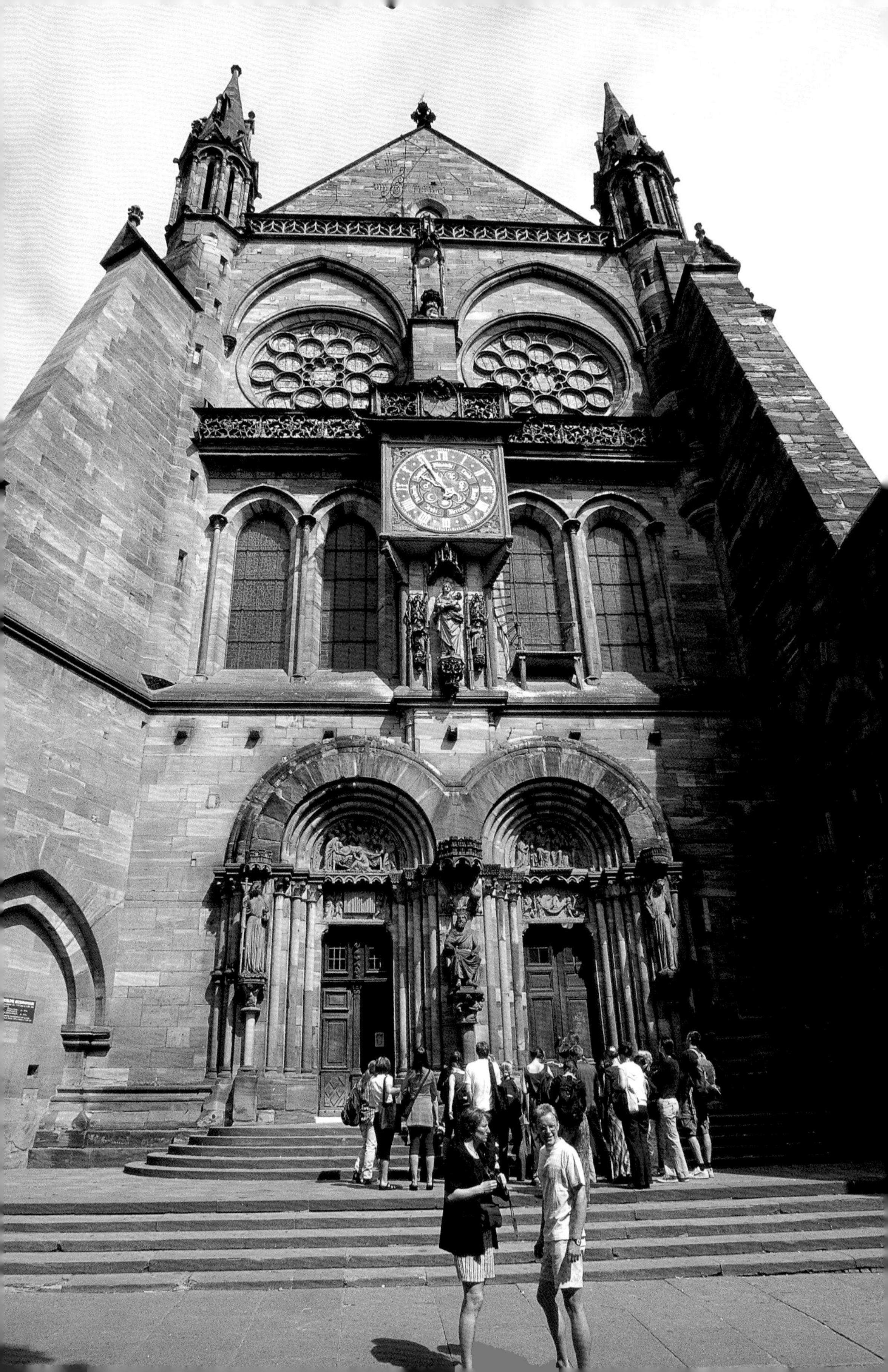

亚眠
大教堂

亚眠大教堂（La Cathedrale de Amiens）在地球上至今已屹立了近八百个年头。虽然那个狂热信仰的时代已永不复返，但每到夏日夜晚，当教堂笼罩在一片七彩光芒与悠扬的圣乐中，只见原本单调的石雕顿时变得瑰丽非凡，似乎从漫长的沉睡中苏醒过来，那种震撼的情景，叫人久久不能忘怀。

亚眠市位于法国巴黎北方，是巴黎通往英国伦敦铁路干线必经之地。由于停靠站离市中心仍有一段距离，虽然身为皮卡第（Picardy）的首府，只有十三万人口的亚眠市仍具有相当迷人的小镇情调。

亚眠市与巴黎相距不远，在西欧各城镇互别苗头竞相兴建大教堂之时，富甲一方的亚眠市自然不落人后。在兴建大教堂之前，原址已有一座罗马式教堂，公元1220年前一场大火烧掉了原教堂，却也为未来的哥特式大教堂开启了兴建的契机。

亚眠大教堂唱经席后的陵墓石雕刻于17世纪，其中又以这尊“哭泣的天使”最为著名。在战争中抚慰了无数苦闷的心灵，也成为亚眠的重要象征。

全球第四大的教堂

最让亚眠市民骄傲的是，这座通天的大教堂除了是法国境内最大的教堂外，更是仅次于罗马圣彼得大教堂、德国科隆大教堂、意大利米兰大教堂的全球第四大的教堂。亚眠大教堂能有如此成就，除了市民的信仰热情外，还有个不可或缺的远因：公元1206年，一位来自该地区教会的执事，在第四次十字军东征时，自君士坦丁堡带回了《圣经》中大大有名的圣人——施洗者约翰的遗骨，从此亚眠大教堂便成为一处天主教重要的朝圣地。

亚眠大教堂中世纪时因拥有施洗者约翰（John the Baptist）的遗骨而成为重要的朝圣地。自窗中射进的光，照耀至大堂每一个角落，史学家曾为文赞美亚眠大教堂内观绽放出天堂般的光彩，高42米的主堂，令进堂的人们由心底生起一股敬畏之情。

随着天主教在西方世界的拓展，信仰规范着人们的生活作息，一座大教堂正是事奉上帝最具体的象征。富有的亚眠市民以来自染料生意的庞大利润积极支持教堂的兴建，再加上皮卡第地区如拉昂（Laon）、努瓦永（Noyon）和桑利斯（Senlis）等城市已有哥特式的教堂，亚眠大教堂在建筑技术上已有相当成熟可供参考的模板。在众多有利条件下，42.3米高、145米长的亚眠大教堂面积是巴黎圣母院的两倍，能成为法国最大的教堂一点也不足为奇。

自亚眠大教堂后，法国某些新建教堂在高度和体积方面还想与亚眠大教堂争锋，其中最有名的例子是位于博韦的大教堂。该教堂的建筑师将大堂高度设定在50米（比亚眠大教堂高出7.7米），这虚荣无比的计划最后在尖塔倒塌后告吹，自此法国再也没有一座教堂在面积与高度上能够超越亚眠大教堂。

高效率的建堂工程

花了近半世纪才兴建完成的亚眠大教堂，正好在圣路易（St.

亚眠大教堂南面外观一景

左页：亚眠大教堂的面积足足有巴黎圣母院的两倍大，气势宏伟的主堂，仿佛摆脱了地心引力，一路往上攀升。

前跨页：亚眠大教堂主堂回廊间的礼拜堂有很多优秀的艺术作品。

Louis，1290—1270）当政期间，1264年这位君王前来亚眠调停英王和贵族间的纷争。史料记载，这时期亚眠地区的人们像是为真理作战般地疯狂投入建堂工作，大量的资金流入教堂，一流的艺术家也被延揽至此大显身手，建堂工作前后有六位主教和三位建筑师的参与，他们的名字被刻在今日教堂迷宫的正中央。

亚眠大教堂可以在如此短暂的时间内完成，除了信仰的热情，另一个主要原因是建筑技术的改进。亚眠大教堂是法国哥特式教堂中第一座有效率管理石材运用的教堂，集中管理切割石块和适当的储存使大教堂建造速度加快许多。主体结构大致完成的教堂开始进行内外观的装饰工程，其中有一项值得一提的建设为1508年7月3日开始的唱经席小隔间工程，全为木头制作的座椅、繁复的装饰为同时期雕刻的精品。

劫后余生

右页：亚眠大教堂南面入口处的雕刻以圣母的故事为主题，大门中央石柱上的圣母像，在中世纪时通体全为耀眼的金黄色。

18世纪时，亚眠大教堂又以当时风行的巴洛克风格大肆整修，可惜这次工程除了介于唱经席与主祭台间的栅栏和唱经席屏风还算成功外，某些装饰严重破坏了内观的整体性。

例如唱经席后的巨大屏风阻隔了后方的圣所；另一个令人扼腕的设计是，为了让更多的光线进入，大教堂拆下了所有源自13世纪的彩色玻璃，改装以新的透明玻璃。这批拆下储存在仓库的彩色玻璃后来又毁于一场意外之火，中世纪伟大的艺术结晶就此毁于一旦。

18世纪末期，随着法国大革命的开展，像法国其他教堂一般，亚眠大教堂也受到波及。

不同于法国其他地区，亚眠大教堂深受当地百姓的尊重与喜爱，大教堂除了唱经席南面某些雕刻的头部与手脚被一群外地愚民斩断外，内外观大体无恙。

19世纪，大教堂展开一连串的修复工程：首先是对唱经席南北两面的木雕进行全面修复，大教堂外观所有断手断脚的雕像也一一修复。1874年建筑师维奥列·勒·杜克更开始清理教堂周围的景观，这位伟大的建筑师在法国建筑史上占有一席之地，他的专业为法国其他古迹的修复提供了许多宝贵的灵感，再加上法国政府的资金支持，使古迹更能保持完整的面貌。

20世纪两次世界大战使大教堂不可避免地受到战火波及，1918年3月，数颗炮弹击中了教堂；第一次世界大战末期，亚眠的主教更请求教皇当仲裁人吁请德皇勿让大教堂毁于炮火；1939—1945年第二次世界大战期间，亚眠大教堂更遭遇严酷的考验，教堂当局把能搬的全搬走，各廊柱之间更堆下了无数的沙包。幸运的是当无情的空袭使得亚眠市区几乎全毁时，大教堂竟奇迹般的安然无恙。即使是今日，当全法国只有百分之五的人口定期进教堂时，亚眠的百姓对这座以圣母为名的大教堂仍充满敬意。

伟大的艺术成就

亚眠大教堂外部雕刻可上溯自13世纪，教堂西正面最上层雕刻为法国二十二位国王的雕像，这些有3.7米高的石像若放在广场上，

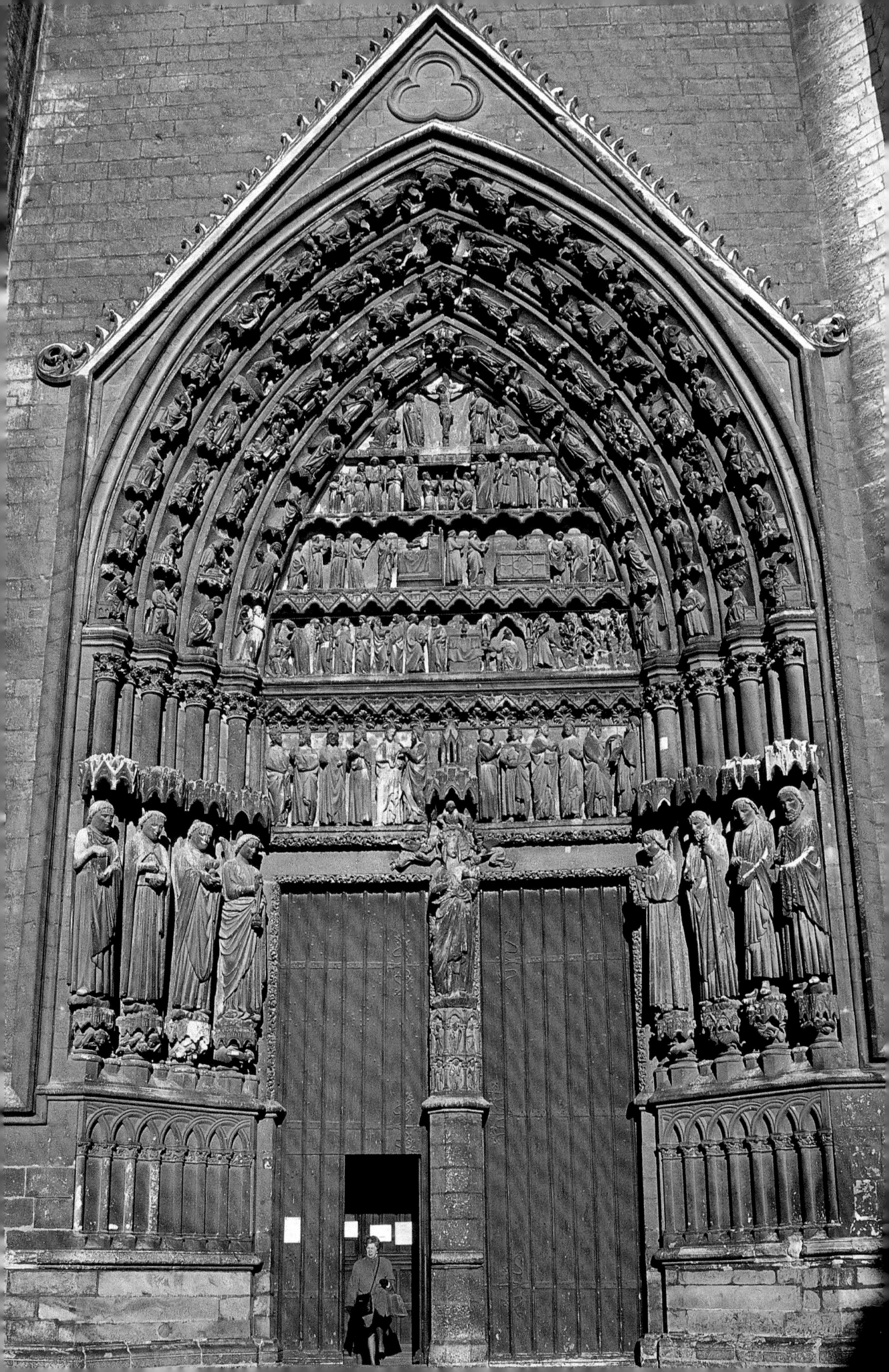

将是不折不扣的巨人。在国王雕像群之上为巨大的玫瑰花窗，这扇花窗已是火焰哥特式的风格。国王雕像之下为三扇拱门，其中正门雕刻装饰是以基督为主题，除了有一般的十二门徒、最后的审判等故事外，大门正中央更有一尊有着“亚眠美男子”之称的耶稣像；这尊源自13世纪的杰作，无疑是同时期最伟大的雕刻之一，据说当年的雕刻师的灵感是来自梦中基督的启示。右边拱门则是以圣母为题，除了有天使告知圣母受孕主题外，还有三王来朝的故事。最左边的拱门则是以亚眠第一任主教圣福民为主题。

大教堂南面大门上还有一尊原来为鎏金的圣母像，由于年代久远，除了依稀可见的金痕外，雕像已还原为石头颜色；至于北面大门，意外地竟然没有任何的雕刻装饰。除了外在的石雕，教堂里还有两座铜棺和一百一十张位于唱经席两边的木头座椅；建于13世纪的铜棺在法国哥特艺术中相当罕见，两座铜棺是纪念当时的主教艾芙·德·福永（Evrard de Fouilloy）和他的继承者吉弗瓦（Geoffroy D'Eu）。

教堂内众多雕刻中还有一尊刻于18世纪的哭泣天使雕像，这尊位于唱经席后不起眼的雕像在第一次世界大战时声名大噪，也许这不安的小东西具体反映了那个时代的悲哀。

亚眠大教堂的彩色玻璃，大多是现代作品，原来的玻璃在18世纪时以过时的名义全部拆下，后又毁于储藏的仓库。新修的玻璃将这处礼拜堂装点成迷人的圣境。

在激光的照射下，亚眠大教堂外观的石刻光彩夺目，令人不敢直视。可以想见当年这些美丽的雕像在鲜艳色彩的妆点下，拉近了上帝与人们的距离。

光之巡礼

上个世纪末，为庆祝千禧年的来临，当局为大教堂外观，尤其是成千上万的雕像，以近六年的时间做了彻底的清洗。原本已发黑的雕像在激光科技的处理下不但还原为既有的石头颜色，更令工作人员兴奋的是，在激光处理下，这些石雕竟露出13世纪时的残留色彩！原来当时为了拉近与民众的距离，石雕全漆上鲜艳的色彩，由于年岁久远，鲜艳的色彩早已斑驳殆尽。这一重大的考古发现为科学家带来新的灵感，希望在不伤及石雕的前提下，还原这些早已不存在的色彩。

自2000年起，大教堂门前架设了几座巨大的激光投影机，一到夏天观光旺季时，大教堂夜间都有“光之巡礼”的活动，短短四十五分钟，在格里高利圣咏的音乐中，大教堂正门的雕刻在激光投射下还原当年的色彩，瑰丽十足的视觉效果，美不胜收。

兰斯
大教堂

与其他教堂不同的是，兰斯大教堂（La Cathedrale de Reims）有许多以天使为主题的雕像，尤其是主堂外的飞扶壁上有无数展着双翼的天使雕像，使得兰斯大教堂有“天使圣堂”的美称。

我从巴黎坐了近三小时的火车来到兰斯，就为了看兰斯大教堂门楣两边名闻遐迩的天使雕像。

右页：兰斯大教堂由东往西的内观一景。大教堂西正面的玫瑰花窗，在这座庞大的石造空间里，制造了轻快活泼的美丽气氛。

后跨页：兰斯大教堂是昔日法王加冕的教堂，英法百年战争期间，自称受到圣灵启示的农家女贞德，当年就是在这参与查理七世的加冕。兰斯大教堂外部通身都为石刻人物所包围，大量使用有翅膀的天使雕刻，也使这座大教堂有天使圣堂的美誉，此外，兰斯大教堂也是法国境内最早以圣母为主保圣人的大教堂。

香槟伴古迹

与沙特尔大教堂齐名的兰斯大教堂，不像其他城市的哥特式大教堂那样往往就坐落在火车站附近，不然起码在车站前就能看到耸立在城市天际线上的大教堂屋顶，我从车站一路又是问人又是看地图地花了四十多分钟才来到大教堂前。

在法国东北部的兰斯，位于昔日的日耳曼及法兰克王国交会地带，自古以来就是罗马帝国重要的城市之一。不过今日这一大片区域反倒是以香槟酒闻名于世，若是能边品尝香槟酒边欣赏古迹，将会是一件多么愉快的事！

巨大的石块在雕刻匠师的巧手下，化成一尊尊喜悦的天使、圣人或先知。斑驳的石块，显示出教堂的古老与岁月的沧桑。

二十二位法王在此加冕

兰斯大教堂和巴黎的圣丹尼斯大教堂、圣母院一样，与法国皇室的发展历史息息相关。自公元13世纪起一直到19世纪初，法国二十五位国王中就有二十二位在兰斯大教堂加冕，其中有一位就是在英法百年战争期间因圣女贞德而出名的查理七世。

你也许会好奇兰斯为何会成为法国王室的加冕教堂？历史的脚步向来有迹可循：公元8世纪时，查理曼大帝在今日德国亚琛的皇家教堂里，请罗马教皇来为他仿效《旧约》中撒母耳为大卫王涂圣油加冕；此例一开，还未成气候的法王也在兰斯大教堂依样画葫芦，玩起同样的把戏。

隆重的加冕礼一共分为三部分：首先是宣誓，再来是涂油，最后才是加冕。紧接在加冕典礼之后，就是在兰斯大教堂边主教宫殿里举行的盛宴。

圣女贞德

1429年，当时才十七岁的贞德就是在这座大教堂里亲眼目睹懦弱的查理七世在此加冕，在大教堂所保存的文献中，还记载着邀请贞德父亲来此参加典礼的单位的开支明细。

就在大教堂西正面广场左侧有一尊手持长剑骑马的圣女贞德雕像，这名当年来自洛林地区、目不识丁的农家女，以顽强不屈的毅力说服懦弱的查理七世在兰斯大教堂登基，尔后又将英国的势力驱逐于快沦陷的法国外，这位奇女子一直到19世

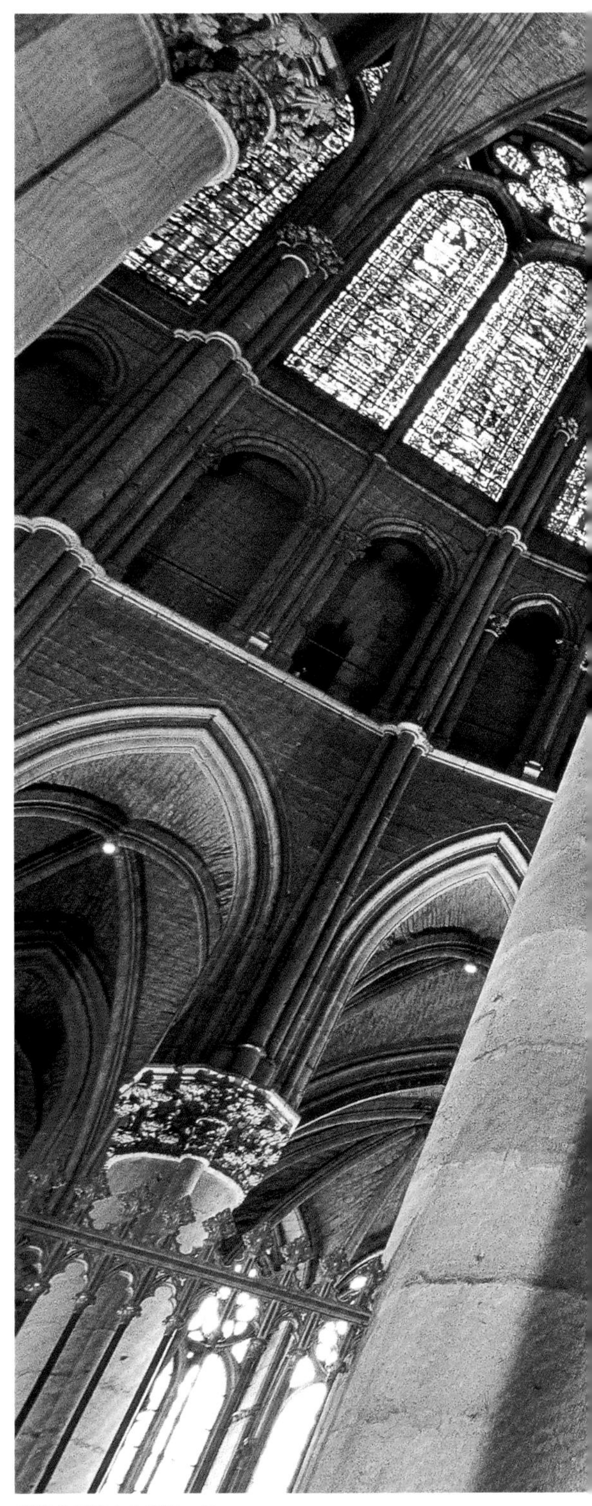

兰斯大教堂内的穹顶一景

兰斯大教堂的入口处完全以圣母为重心，大门上方也很不一样地用玫瑰花窗代替常见的最后的审判主题雕刻。

纪才被一并出卖她的罗马天主教会封为圣女。

笑容满面的天使雕像

哥特式教堂外观雕刻与建筑结构紧紧相连，兰斯大教堂也不例外。但与其他哥特式教堂不同的是，兰斯大教堂有许多以天使为主题的雕像，尤其是主堂外的飞扶壁上有无数展着双翼的天使雕像，使得兰斯大教堂有“天使圣堂”的美称。

这些天使雕刻令人感动，尤其是西正面大门两侧的天使雕像，除了造型优雅外还个个笑容满面，那种只有在婴儿脸上才能见到的无邪笑容，是得知了救主的福音？还是为苍生的得救而欢欣？相形之下，卢浮宫里的《蒙娜丽莎》恐怕也要失色几分。除了天使的雕像，大教堂西正面的雕刻群同样令人印象深刻，这些雕刻除了有成熟的风格，更具体反映了13世纪的神学思想，例如雕像的表情显得更具有人性。

微笑的天使是兰斯大教堂最著名的艺术瑰宝。

尊奉上位的圣母

大教堂西正面三座拱门，各有以圣母、耶稣和《旧约》为主题的雕刻，这几个主题正好反映出天国与人间的关系。正门门柱间的雕像是美妙的圣母抱子像，而介于玫瑰花窗之间的一幅耶稣为圣母加冕的大型雕刻（原作已陈列在大教堂附属博物馆中），具体点出了兰斯大教堂的精神——献给圣母的大教堂。

与法国其他圣母大教堂不同的是，圣母加冕的主题成为兰斯大教堂外观的重心，甚至几乎让人误以为耶稣是为圣母而存在；就连最重要的耶稣救赎主题，竟然也让位至西正面左侧门的门楣而不是正门上方。

不论这样的神学是否能获得认同，兰斯大教堂雕刻仍是相当了不起的杰作，有史学家推论，也许这些雕刻石匠因为十字军东征的关系，多少受到了希腊雕刻的影响，这在法国其他哥特式教堂中相当少见。

精彩的彩色玻璃

除了庞大还是庞大，在哥特大教堂内，人的比例何其渺小？在金黄的光线里，人们在庞大却有秩序的空间里来感受上帝的临在。图为兰斯大教堂的侧廊一景。

走进兰斯大教堂，恢弘的内观呈现秩序井然的理性光辉，那如丛林般的回廊石柱像是和谐又富有韵律的进行曲。就像所有的哥特式大教堂一般，兰斯大教堂整座教堂从上空看来也是呈拉丁十字形状，主堂中央部分从东至西被梁柱分成十等份，两边各有回廊；在主堂后方为耳堂及唱经席，环绕着唱经席的是半圆形的回廊和五间礼拜堂。

兰斯大教堂的唱经席在体积上相当惊人，那逐渐消失在穹顶尖的梁柱，使大教堂有一种无限深远的错觉，完美的建筑比例（150米长，内堂由地板至天花板正好是38米高）使大教堂像极了一座翻转过来的船身内部。

至于哥特式艺术中最具代表性的彩色玻璃，兰斯大教堂中的数量虽然不多，但精彩度一点也不亚于沙特尔大教堂。尤其是大教堂东端半圆顶室的小堂有一扇无与伦比的作品，是由已过世的艺术大师夏加尔所设计。这位俄裔犹太画家生前由犹太教改信罗马天主教，为此画家曾以不少新旧约的题材创作；但耐人寻味的是，夏加尔在临终前又回归了犹太教的怀抱。

文明的建立需要漫长的岁月，但毁灭却往往只在一瞬间。第一次世界大战期间，1914年9月19日这天，大教堂受到严重的战火波及。无情的战争结束后，兰斯大教堂几乎花了近二十年的时间修复，才得以开放做部分的宗教用途。不过这庞大的修复成果在第二次世界大战时又受到严重的破坏。回溯过往，战火中微笑天使的表情会是多么让人难以承受啊！

从宗教遗迹看文化保存

纵使定期进教堂的法国人不多，但其日常生活仍处处受宗教文化的影响。西方圣人多如繁星，每天的日历上都有专属的圣人。对信仰虔诚的人而言，每天都有圣人相随，实在是件愉快的事。有些新婚夫妇迎接新生命时，若是没有命名的灵感，干脆以当天的主保圣人为孩子命名。

法国官方对宗教的态度相当保留，非但不许宗教干政，在学校里亦不提及宗教。说来令人难以置信，在天主教古国的境内只有一座神学院!

这座硕果仅存的神学院附属于阿尔萨斯（Alsace）的斯特拉斯堡大学里。话说，这座神学院何以能够存在？第二次世界大战结束后，原为德国占领的洛林省（Lorraine）及阿尔萨斯两省仍沿用日耳曼律法，使斯特拉斯堡大学神学院得以保存。

行色匆匆的观光客参观法国境内一座座的大教堂后，都会被那辉煌的建筑给震慑得说不出话来，而无从得知大教堂背后的深层文化、社会结构和沿革。

宗教若不更新当然会死亡，如今大教堂得以生存已不是为了宗教功能而是为了文化的保存，这是经过两个世纪无数的革命后所成就的态度。走笔至此，有所感慨，国内许多探讨西方文化的论述和介绍，经常难以有系统地对其进行深层了解。五四运动时，诸多重量级的知识分子疾呼以西方“德先生”“赛先生”来救中国的积弱。经过这么长的时间后，我们终会发现：哪有如此简单？

圣雷米大教堂

一般游客大概不知道，兰斯另有一座与兰斯大教堂相距不远却关系密切的圣雷米大教堂。昔日法王加冕所使用的圣油就储存于此；每当法王加冕时，被拣选的贵族都会先到这里取圣油，再送到兰斯大教堂去。

这座原为罗马式建筑的教堂，12世纪时又以哥特式风格大肆翻修，是西欧混合着罗马式与哥特式风格的完美典范。

在参观兰斯大教堂时，堂外乌云密布，我冒着雨赶往圣雷米大教堂。才一进堂，阳光突然自乌云中钻出，五彩的光线瞬间将大教堂映照成一座光的圣境。正赞叹时，阳光又瞬间不见，那种感觉就像是天堂大门突然打开却又马上被掩上。

由于兰斯大教堂太出名了，这座只有行家才知道的教堂乏人问津，我得以在教堂里来去自如地拍照。教堂里源自哥特式高峰期的彩色玻璃和唱经席里恭奉圣雷米圣髑的石棺上的雕刻精彩非凡。令我讶异的是，这些非凡的艺术品竟然没有任何警戒装置，可以让人如此靠近欣赏。

中世纪欧洲是圣髑崇拜的时代，圣雷米大教堂里恭奉的圣雷米是法国境内最重要的天主教圣人，中世纪时有万千信徒不远千里而来，就是为了朝拜这些圣髑。有趣的是，自小就是天主教徒的我，而今却只是以一种艺术的眼光来欣赏这些遗迹，有关圣人的种种传说，再也不像儿时那般地吸引我了。

圣雷米大教堂的外观与主堂一景

枫丹白露宫

Chapter 4

想出“枫丹白露”这个充满诗情的名字的中国人，看待这座宫殿和花园，总是有无限浪漫的情愫；但对法国人而言，这座罕见的文艺复兴建筑却是涵蕴复杂情绪的伤心地。

美丽之泉

人文思潮的转变以及交通工具的进步所带来的便利，影响着法国19世纪的艺术潮流。巴黎西南方六十多公里处的广大森林，曾吸引大批艺术家前来寻找创作灵感，日后，这个小镇——巴比松（Barbizon）——因艺术家而闻名于世,成为“巴比松画派”的代名词。众多以田园风景入画的画家中，最为中国人所熟悉的，莫过于因《晚祷》《拾穗者》《牧羊女》等富写实主义与社会主义内涵之作而驰名的米勒（Jean François Millet）。

米勒、毕沙罗（Camille Pissarro）的画作随着大众传播成为艺术爱好者的视觉印象经典，而就在离巴比松只有四公里远的地方，还有座举世闻名的宫殿花园，中国人为它取了个比原先美丽千百倍的译名——枫丹白露。

位于塞纳河左岸的枫丹白露宫（Château de Fontainebleau）与其占地达五万英亩的森林，自12世纪起就是法国皇室喜于流连的行宫。该宫殿靠近“泉水”（Fontain，音译为“枫丹”），其泉水有“美丽之泉”（belle-eau）的美称，经口耳相传，将该字转音为“白露”，两字相迭后，便成为“枫丹白露”宫殿之名。若用中国人充满诗情的艺术思维来看待这座宫殿和花园，定会有无限浪漫的情愫；但对法国人来说，这座法国境内罕见的文艺复兴建筑，却是涵蕴着很多复杂情绪的伤心地。

前跨页：位于塞纳河左岸的枫丹白露宫始建于12世纪。古老的建筑流转着法国皇室命运的兴衰起伏，人去楼空的历史舞台，曲终人散后依旧令人低回不已。

右页：喷泉广场北面的鲤鱼池面积辽阔广大，自亨利四世兴建后，一直是宫廷水上活动的举办地。如今则是宫廷唯一开放让游客划舟览赏的设施。由此遥望喷泉广场，亦呈现出另一番不同的景致。

枫丹白露宫的庭园没有豪奢之气，却多了一份秀丽之美，为宫廷建筑极为优雅的庭园设计之一。

枫丹白露宫的前世今生

1814年4月6日，拿破仑在“退位厅”的小圆桌上签署同意退让法国和意大利王位的协议书。同年4月20日，这位不可一世的英雄在“白马庭院”（Cour du Cheval Blanc）前与跟随其出生入死、患难与共的禁卫军进行告别阅兵式，并于六天后离开这座诸王梦寐以求的居城，流放于厄尔巴岛（Elba）。

对拿破仑来说，这是光辉军戎生涯的句点，也是旷世英雄最难隐忍的场景；但对法国而言，这座汇集文化涵养与艺术风格的宫殿，却始终未曾消逝，仍静诉着一段段高潮迭起、宛如舞台剧般的宫廷史。

走进枫丹白露宫，映入眼帘的是宽广典雅的庭院，并衔接出左右展列着白墙蓝顶的建筑，金碧辉煌，构筑出一片“ㄇ”字形却又可各自独立的特殊行宫格局。

右页：由布雷顿兴建的白马庭院，经过16世纪法王亨利四世、19世纪拿破仑的修建，逐渐形成今日的样貌，这里是枫丹白露宫迎宾的重要门面所在。

舞会厅是枫丹白露宫内另一处文艺复兴式建筑代表，长三十米、宽十米，为昔日皇室举办重要宴会的地点。厅内廊柱间所装饰的绘画均取材自神话故事，与彩绘天花板、地面八角形图案相互映照，流露出气派而奢华的皇家风格。

继续前行，马蹄形阶梯环抱着弗朗索瓦一世重整的白马庭院——它反映了当时的建筑艺术精神，同时是通往宫殿内最经典的回廊入口。在极其华丽的宫内装潢之外，还有喷泉广场（Cour de la Fontaine）、黛安娜庭园（Jardin de Diane）等风格特异的庭院广场穿插分布于各建筑间。

枫丹白露宫占地辽阔，在凡尔赛宫（Château de Versailles）尚未完工之前，它随着历代法国帝王走过六百多年兴盛衰落互相交替的岁月。自法王路易六世在此修建城堡开始，枫丹白露宫的规模便渐次扩张，无论是大兴武功的弗朗索瓦一世所建的回廊、白马庭院或舞会厅，或是以贪婪出名的亨利四世所增建的黛安娜庭园及喷泉广场，或是拿破仑入主于此所修建的阅兵场与英式庭园。这些建筑格局造就出枫丹白露宫特有的风格，呈现出当时与文化的流行趋势，更使其成为法国文艺复兴时期艺术创作的具体表征，因而联合国教科文组织于1981年将其列入世界遗产名录。

右页上：长方形的窗户、陡峭的斜屋顶、有节度的装饰，映衬在白墙蓝瓦下，构成“冂”字形的喷泉广场，呈现出法国文艺复兴建筑风格，是枫丹白露宫建筑的另一特色。

右页下：连接皇家起居室及三一教堂的弗朗索瓦一世回廊，是实践文艺复兴风格的代表作，同时更是凡尔赛宫颇负盛名的“镜厅”创作的“模本”。内部细腻的雕刻、镶嵌的壁画，处处显示出来自意大利的艺术家超凡的专业素养。

法王的林苑

枫丹白露宫的历史，可追溯至12世纪的卡佩王朝（Capetian Dynasty），当时君王路易六世性喜狩猎，遂在此修筑城堡；1169年，其子路易九世在城堡中增建礼拜堂，这是枫丹白露宫扩建的开端。1259年，路易九世继承前任帝王的扩建工作，在此为三一教派的僧侣建设大修道院。

自此开始，法国皇帝便时常光临枫丹白露宫，并于苍郁幽静的森林中狩猎。为了解决休憩问题，帝王们便在林中增建度假小屋，为枫丹白露宫勾勒出富丽的雏形。

人非物也非

14世纪时，查理六世的王妃伊丽莎白积极经营枫丹白露宫，并增建一座有名的“椭圆庭院”；1429年，其子查理因为得到圣女贞德的协助，在兰斯大教堂正式受冕为法国国王，由于其自幼与生母伊丽莎白不合，故对她大力经营的枫丹白露宫萌生嫌隙之心，任其荒芜。

文艺复兴的激荡

自查理七世起，沉寂多年的枫丹白露宫再度苏醒，成为路易十四建设凡尔赛宫的范本、法国文艺复兴实践的重镇，这都必须归功于弗朗索瓦一世的大规模整建。

除了个人对枫丹白露森林的偏爱外，弗朗索瓦一世认为，欲彰显帝王权威，除了须对外拓展军事势力，也要在国内建超豪华的宫殿，以显示国力的强大。加上远征意大利时，受到文艺复兴风潮的刺激，返国后，弗朗索瓦一世大肆整修枫丹白露宫，以此作为其锻炼文艺复兴风格的建筑巨作。严格来说，弗朗索瓦一世对文艺复兴建筑理念的认识，只是精神思索的激荡或是相当粗浅的组合法则，而真正实现其理想者则是来自巴黎的建筑师布雷顿（Gilles le Breton）。

传统与当代的结合

右页上：属于皇家起居室一部分的绣纱沙龙充满文艺复兴式的装饰风格，墙上所挂的绣画制作精细，美不胜收。

右页下：弗朗索瓦一世回廊的壁画大多完成于意大利艺术家之手，这些技巧高超的艺术品，呈现出当时的艺术风格，并体现出一代帝王的荣光。

出生于巴黎的建筑家布雷顿，将枫丹白露宫残余的中世纪建筑全部加以整建：拆除旧有宫殿，打造行宫新面貌，并以传统与当代风格结合的理念，筑出巨丽的枫丹白露宫。除此之外，1531年，他在宫殿中增建脍炙人口的弗朗索瓦一世回廊，并将修道院旧址改建为两层楼建筑及环绕在其四周的白马庭院。

为了调和宫殿内景与华丽典雅的外观，1530年，弗朗索瓦一世聘请佛罗伦萨的知名画家罗索（Il Rosso）负责殿内装潢；1532年，罗索邀约大批艺术家共同进行此一工程，这批各有专长的艺术家或以雕塑或以壁画，验证其于意大利所受到的文艺复兴熏陶，并为枫丹白露宫留下许多精彩不朽之作。弗朗索瓦所搜集的文艺复兴时期画作，最有名的莫过于今日巴黎卢浮宫里所收藏的那幅达·芬奇的《蒙娜丽莎》。

空前的美轮美奂

除了弗朗索瓦一世之外，为血腥宗教战争画下句点的亨利四世，也是枫丹白露建筑史上值得一提的重要人物。这位1589年即位的帝王为了整建枫丹白露宫，投入两百五十万里弗的巨资——虽然这与

其孙路易十四用于凡尔赛宫的金额相较，似乎显得微不足道，但是亨利四世以前的法王，从未有人投入如此庞大的修筑经费来建造宫殿。在其刻意经营下，枫丹白露宫的规模比以往来得更富丽堂皇。

亨利四世最重要的建设是将部分的“椭圆庭院”（Cour Ovale）修改为现今“白马庭院”的形貌，再以“弗朗索瓦一世回廊”联络两座广场。幽静雅致的“黛安娜庭园”建于回廊北方，几经战乱仍保持原貌的“鲤鱼池”（Etang des Carpes）则建于回廊南方的“喷泉广场”内。另外,亨利四世还在“椭圆庭院”紧邻着“皇太子广场”的侧面，建了一排整齐有致的厅舍，作为行政办公室之用。枫丹白露宫外观的规模与格局在此时达到空前的巅峰。

完成于路易十六期间的国王卧室，从拿破仑之后成为帝王主要休憩住所。其特殊而辉煌的摆设，成为另一艺术经典。

第二枫丹白露派

同样地，为了宫殿内部的装潢，亨利四世从法国、佛兰德斯（Flanders）等地聘请众多著名的画家及雕刻家前来创作。这些各擅胜场的艺术家，形成继弗朗索瓦一世年代后的“第二枫丹白露派”，也让宫殿的金碧辉煌达到空前的盛景。其耀眼夺目的光彩持续三十多年，直到路易十四兴建了凡尔赛宫，枫丹白露宫才沦为第二宫殿的次等地位。

亨利四世之后的法王，对枫丹白露宫的建筑再也没有出色的改进，甚至在路易十六时期的不当修建，还造成原有建筑的整体破坏；紧接而来的法国大革命，除了对建筑本身造成难以挽救的戕害，更令宫殿里的珍奇宝物、名贵家具全被掠夺一空。直到拿破仑即位后，充满帝王生涯憧憬，对此地大兴土木，枫丹白露宫才又重现昔日光彩。

右页：建于16世纪的三一教堂，其内部装潢大多完成于亨利四世至路易十三时期，整座教堂的壁画是以“赎罪”为主题，分置于祭台两侧的雕像为弗朗索瓦一世与圣路易，可说是宫殿内极有历史的一座建筑。

拿破仑的句点

基于尊重先王的立场，除了可俯瞰黛安娜庭园的回廊建筑外，拿破仑进行整修时，大都保留着原始的风格，呈现出极保守的作风。

帝王之屋

或许因亨利四世的建设已极具规模，所以拿破仑所能增建、着墨者亦不多。其中较为重要的建筑，有改建为“白马庭院”的阅兵场，以及约瑟芬所规划的英式庭园。此外，以此作为居城的拿破仑也对亨利四世的起居间、会议室等厅稍做修改，以符合其个人所需。

拿破仑除了将大革命时期被洗劫一空的房间重新添置家具及铺陈装潢，更将原来的国王卧室变成“帝王之屋”——房内的家具完

上左：亨利四世为爱妻所兴建的黛安娜回廊，长八十米，宽七米，内部装饰以征战胜利为主题的壁画，回廊中的大地球仪为拿破仑一世改建时所置入，1858年拿破仑三世将此地改建成图书馆。

上跨页：拿破仑的第二卧房内，放置着由名家所设计的书桌，只要启动机关，桌上的文件便不会被造访者窥见。

上右：路易十五在位期间大肆整修枫丹白露宫，会议室即是其一。据说这原是帝王召见群臣、商讨国家大事的厅室，却成为其举行晚宴的地方，可见当时王室喜于逸乐之风。

全依照新帝国所提倡的礼仪摆设，成为法国境内唯一保有帝王原始家具摆设的厅室。除了皇室惯有的豪奢之外，这个房间还富有浓厚的权力象征意义。其他诸如黛安娜回廊、皇后卧室、起居室、会议厅等，虽然不尽然是完成于其任内，却因拿破仑的入驻而有所增改、变动，也为一代枭雄的荣光留下了最佳记录。

退位厅

在拿破仑由盛至衰的个人生涯里，枫丹白露宫扮演了极为重要的角色，除了白马庭院因为他的离去而改名为“诀别广场”外，帝王之屋也在1814年4月6日因为拿破仑于此签下退位书，反以“退位厅”而声名大噪。随着拿破仑的退位，枫丹白露宫终于在法国的历史舞台上隐退。虽然如此，这座活跃了六百多年的宫殿，却因壮观多元的建筑以及无价精湛的艺术珍藏，成为法国境内集文化、艺术与历史价值于一身的遗产重镇，无可取代。

中国
博物馆

因为中国人的诗情而赋与“枫丹白露”这个美丽的译名，而枫丹白露宫喷泉广场一侧建筑末端也有座中国博物馆——这座令中国人伤心、法国人脸面无光的博物馆，其陈列物全来自于19世纪法国人入侵中国时，抢夺自圆明园的近三万件的中国宝物。

熟读中国近代史的人或许愤慨于慈禧太后将当年建立海军的军费投入圆明园的修建，然而比慈禧早了一百多年，法国大革命时期的法国皇室之昏庸，若与中国晚清比较起来，恐是有过之而无不及。中国人厚道地没有砍掉末代皇帝的头颅，而早就发生革命的法国人，对于历史已幸运到没有意识形态及情绪的负担。为此，这座在法国大革命后才整个被修复的宫殿，受到如珍宝般的对待。

历史洪流有其步伐与节奏，整个晚清积留下来的矛盾，经过五十多年后产生了像“文化大革命”这般成事不足、破坏有余的运动。我并不是历史工作者，却在拜访过欧洲无数的瑰宝后，有感而发：整个中国从封建帝国进入所谓的现代竟然还不满百年，来者可追，未来永远是很难说的。

右页上：枫丹白露宫除了建筑物本身，广大的庭园甚为可观，贵为文艺复兴时期的重要建筑，幅员广大的庭园洋溢着一种理性的光辉。

右页下：法式庭园中呈几何图形的设计与修剪整齐的树木，呈现出枫丹白露宫典型的法国风格。

三一教堂里的壁饰金碧辉煌，美不胜收。

左：喷泉广场上的中国博物馆累藏着大批抢自圆明园的中国文物，博物馆门口充满中国风味的石狮子造型特殊、趣味盎然。

枫丹白露宫附近的森林，自古以来即是皇家的最爱，19世纪时，美丽的景象更吸引大批画家前来创作而成就了著名的巴比松画派。

凡尔赛宫

参观过法国世界遗产的人，都对法国人保存、发扬自身文物的用心甚感钦佩。法国人何尝没有经过血腥时期？只是他们的社会革命较早，因此，那段充满血腥的记忆，早已化成不令人心痛的历史。

话说，波旁王朝后，新接手的革命政府为应付庞大的开销，将凡尔赛宫，包括家具、名画、玻璃，甚至地板的装饰，整个对外拍卖。彼时，从英国皇室、欧洲宫廷贵族到富商豪贾，像是风靡名牌般，涌进此地大买特买。原本金碧辉煌的凡尔赛宫，经过这样的折腾后，变成一座光彩尽失的鬼城。因为怕被批评有复辟的危险，后继政府都不敢去碰这座宫殿；甚至有人提议将这座象征封建的宫殿拆掉。

以同样列入世界遗产名录的凡尔赛宫而言，竟然迟至1953年才开始修复。当时的第一任凡尔赛宫馆长范德肯，发行彩票，倡导一人一法郎，展开拯救凡尔赛宫的活动。这项看似不可能的任务，经过积极的外交游说和金钱运作，将当年被买走的文物物归原位；至于买不回来或被破坏掉的文物，则按原制作方式复制或翻修。几十年下来，凡尔赛宫再度恢复昔日的光彩。

历史革命似乎总要流血，总要破坏。直至今天，发达国家似乎在社会结构上有较合理与健全的体系，彼时代表封建邪恶的遗迹文物，如今都视如珍宝。“文化大革命”距今不远，切身的伤痛仍在，然而只要能承认错误，从中积极地、努力地修复，或许几十年后，当后世人惊见中国丰富的文化遗产时，这段造成亿万中国人苦难的时代，在悲情之余，终能沉淀出一些令人警醒与喟叹的光辉吧！

里昂旧城区

Chapter 5

我对里昂有极为特殊的感情。

这里是我最好的法国朋友——菲利普的家乡。有朋友真好！

另一种乡愁

法国好友菲利普的家位于索恩河（Saône River）畔、圣尼斯尔教堂（Church of Saint-Nizier）边，我只要从他这间有几百年历史的公寓跑出来，就可看见富维耶（Fourvière）小山丘和位于山顶上的富维耶大教堂（Basilique Notre-Dame de Fourvière）。这座美丽的城市就像菲利普一样，温厚而低调。

因为菲利普的关系，里昂几乎成为我在法国的家乡。我踏遍旧城区的每条大街小巷，连附近的商家都已认识我，热情地向我问好。

单身的菲利普在年前因为癌症复发，不愿惊动别人，悄悄地辞世而去……

当时在地球另一端的我，事后才辗转得知。至今，我仍持有菲利普家的钥匙，不过，那已是个回不去的家。菲利普就像有数千年历史的里昂，历久弥新，在我心中永远难以忘怀。

容我在陷入自身情绪太深之前，尽心地介绍这座连菲利普都万分喜欢的城市。

前跨页：里昂是法国第二大城。城内著名的沃土广场（Place des Terreaux）上巨大的喷泉建于19世纪，美丽的喷泉四周全为旧城区的著名建筑。

右页：这就是从菲利普家往外望去的景象，这座美丽的城市因为是挚友的故乡而永志不忘。

几座著名的宗教建筑勾勒出里昂的地标。位于富维耶山顶上的富维耶大教堂与山脚下建于13世纪的圣约翰大教堂（Cathédrale Saint-Jean），正好成为一新一旧的强烈对比。

罗马
与宗教史

里昂位于法国中部，若从首府巴黎搭乘子弹列车前来只要两个小时，便捷的交通，使这座法国第二大城的政经地位日益重要；与巴黎不同的是，这座美丽的城市没有喧扰的国际大都会气息。

古老的里昂几乎绕着罗马及宗教史打转，这些历史轨迹为此地留下众多遗迹，尤其是强烈的宗教信仰，更使这里拥有近五十座大小不一的教堂。

根据正史记载，里昂在中世纪时是意大利境外教皇最常拜访的城市：天主教有两次重要的会议在此召开；忙于组织十字军的约翰八世教皇曾于787年来到里昂；乌尔班二世是为与德皇作战，于1095年来此；英若森六世在里昂整整待了七年。

圣尼斯尔教堂是里昂最美的哥特式教堂。轻巧的飞扶壁及内部蕾丝般的石刻是晚期火焰式哥特风格。

富维耶大教堂

位于富维耶山丘上的白色富维耶大教堂，造型十分怪异，是19世纪最前卫的建筑，有些里昂人称这座教堂为“德国蛋糕”。它虽然没有悠久的历史，却成为今日里昂的地标，与古罗马剧场只有几步之遥，恰巧形成一古一今的强烈对比。

由于有不少富有特色、建于不同时期的古迹，1998年，联合国教科文组织将里昂旧城区列入世界遗产名录。

公元前44年，罗马将领尤利乌斯·凯撒在索恩河西岸的富维耶山丘，建立这座古老城市。如今此地仍保有大批傲人的古罗马帝国遗迹，其中最壮观、占地最广的是约在公元前15年，奥古斯都皇帝时代所建的罗马剧场。

两座古罗马剧场

右页：中世纪时，里昂最高的权力拥有者为无所不在的教会。这一段丰富的历史，使里昂拥有近五十座大小教堂，其中有几座在建筑史上占有一席之地。富维耶及圣约翰大教堂就是其中醒目的代表。

古罗马人向来会享受生活，里昂有两座古罗马剧场，较大的那座不时上演脍炙人口的喜剧。如今剧场虽列为遗迹，仍会定期举办大型演出；较小的环型剧场紧邻大剧场，建于2世纪，约可容纳三千

PIANOS

名观众，主要用来举办音乐会和朗诵诗词。

罗马帝国衰亡后，这座城市的繁荣随之消退。到了8世纪，查理曼大帝派遣具有政治头脑的笛瑞笛主教前来，他重新整顿已成废墟的里昂，并制订出行政系统。罗马帝国后至法国大革命前，里昂几乎是由贸易家、商人、布尔乔亚阶层所组成，除了后来得势的王权外，里昂最高的权力拥有者，是无所不在的教会。这段丰富的历史，使里昂拥有近五十座大小教堂。其中几座在浩瀚历史中占有一席之地。

圣马丁教堂（Church of Saint Martin）就是里昂旧城区最古老的教堂，这座原属于本笃会修道院的罗马式教堂，约建于6和7世纪期间，金字塔状的钟楼相当有特色，简单庄严的内殿更常为法国文人所赞颂。

右页上：较小型的环型剧场兴建于2世纪，面积不大，约可容纳近三千名观众，舞台中央的镶嵌画相当漂亮。

右页下：容纳一万名观众的大型罗马剧场，建于公元前15至公元20年间，是法国境内最古老的剧场，同时是规模最大的剧场。公元后，这里更成为罗马将领代表向民众训示的地点。

两座哥特式教堂

里昂最著名的哥特式教堂，当属隔着索恩河相对的圣约翰大教堂和圣尼斯尔教堂。

圣尼斯尔教堂在查理曼大帝时已具规模，现存主体部分则是15世纪以火焰式风格兴建的。教堂正面的北面的钟楼顶端以粉红砖块装饰，中间门廊为文艺复兴时期所建。至于正面南塔则是19世纪增建。教堂内殿为火焰式哥特风格的极致代表，蕾丝般的石刻装饰，使教堂有股轻快的感觉。

圣约翰大教堂坐落在富维耶山脚下，是里昂著名的哥特大教堂之一。大教堂从地板至天花板高32.5米，相当宏伟。

圣约翰大教堂位于富维耶山脚下，这座拥有宽广前庭广场的教堂约建于12至14世纪间，教堂边的礼拜堂建于17世纪。教堂正面为哥特式风格，可惜门廊上的雕刻在16世纪被胡格诺教徒所毁。大教堂有源自13世纪的彩色玻璃，和相当有水平的石刻。

此外，圣约翰大教堂还有一座建于16世纪的天文钟，这座天文钟在每天正午十二点，以及十四、十五、十六点都会报时。曾有谣传说制作这座天文钟的大师，在为斯特拉斯堡大教堂完成另一座天文钟后，眼睛就被弄瞎，以避免他到别处再去制作如此巧夺天工的作品。

从自由城 到抗拒之城

14世纪时，里昂居民群起反抗主教的治理，终于在1320年成为一座自由城。

里昂在中世纪已有相当的经济规模，与今日的意大利到德国境内各邦国有贸易往来。15世纪时，里昂一年有四次庞大而例行的商业集会，蓬勃的贸易活动使里昂有了商人设立的法院，成为一座有大批外国人居住的国际都会，而意大利几个富有家族更将大批金钱撒向这座城市。16世纪时，弗朗索瓦一世与大批随从前后在里昂停留近二十次之多，这些随行的官员包括知名的文人作家，随其巨作的问世，同时拉开了里昂文艺复兴的序幕。

昔日纺织工厂外的串廊，看起来仿佛是现代感十足的抽象画，这些走道串连起高低不同的建筑。

楼台走道绵延到隔街

文艺复兴在里昂留下的最鲜活印记，就是被联合国教科文组织选中的，位于富维耶山脚下近三百处的串廊。串廊的原文是“traboules”，是由拉丁文“Trans”和“ambulave”两字合并而成，有穿行之意，它的主要用途是连接两栋建筑的通道，类似有顶棚的天桥，有的串廊甚至绵延一街之远，为往来的居民遮风蔽雨。三百多座走道中，以圣约翰街道（Rue Saint Jean）最具代表性，褐、黄、朱红色的走道墙壁在光线良好时，极具地中海情调。

另一处著名的串廊位于昔日纺织工业区所在地，这地区的串廊上上下下，由一街通往另一街，从一栋建筑连接另一栋建筑，相当有意思。尤其从某些正面看过去，这些走道与墙面，像极了一幅幅线条明朗又趋冷色系的抽象画。

宗教战争兴起

对里昂而言，1536年具有非凡的历史意义，弗朗索瓦一世在此建立了纺织工业，三十年后整个里昂有将近一万两千名纺织工。好景不长，正当纺织工业蓬勃发展时，宗教改革兴起导致悲剧性的宗

里昂旧城区有三百处的串廊，其中又以圣约翰街上文艺复兴时期的串廊最为出名，这些串廊与墙面，构成线条明朗的图画，行走其间，思古幽情油然而生。

教战争。

1562年，有位粗鲁的大公与他贪得无厌的士兵，在占领里昂的十三个月内，不但掠夺了每一座教堂及修道院，更吊死了无数天主教徒；而1572年时，天主教的反扑势力在这里屠杀了近千名的誓反教徒。这场灾难，到了17世纪亨利六世在圣约翰大教堂结婚时终于告一段落，他和王后在里昂住了将近五个星期。九个月后，路易十四诞生，这是法国历史上唯一一位来自里昂的国王。1646年里昂市议会的第一块石头奠基，以庆祝路易十四的八岁生日。

圣马丁教堂是里昂旧城区最有名的罗马式教堂，主堂中央钟楼的金字塔型尖塔部分为最著名的特色，而内观（右页）罗马式的浑厚气势在主堂梁柱间展露无遗。

城市拓展与革命战火

在18世纪的城市拓展中，里昂有了崭新的面貌。夹在隆河（Rhone River）与索恩河之间的沼泽地全被抽干，广大的布尔克特广场（Burkert Place），以及众多至今依然存在的建筑也大多完成于此时。可惜这一连串市容改革的真正受益人，却是里昂市富有的既得利益者。沉重的税捐及贷款，几乎拖垮了里昂的经济，随着经济的破产，罢工接踵而至。1788年，五万名纺织工就有两万名丢掉饭碗，低沉的气压加上庞大的人口压力，里昂终于免不了被法国大革命的战火波及。这场战争除了在里昂留下血腥的记忆，更造成空前的破坏。随着路易十六被处以死刑，里昂被围城近七十天，将近一千六百人被送上断头台。

向圣母祈求和平

19世纪初，里昂曾有段短暂的和平岁月，但随着拿破仑军队垮台，大批失业人口又在里昂立起了革命的旗帜。1870年10月，当普鲁士进军法国时，众多里昂居民徒步登上富维耶山寻求圣母庇护。当时的总主教向圣母立誓，只要里昂免受普军进攻，将在山丘上建立一座更大更美的教堂来敬礼圣母。

1872年12月7日，教堂的第一块石头在山丘上奠基，这座大教堂在19世纪无神论盛行的法国实在是个异数，甚至有人以“鼓吹迷信”嘲弄兴建者的动机。几经风雨，这座巨大的白色教堂终于落成，它融合了19世纪各种新颖式样，不论内外皆金碧辉煌，令人眼花缭

广受非议的富维耶大教堂在19世纪时是不折不扣的前卫之作。

乱。纵使在外观上被讥为“德国蛋糕”，内部被视作好莱坞剧院，富维耶大教堂都是里昂市最伟大、最醒目的地标。这座大教堂为新拜占庭式风格，当初是为献给圣母而建，然而大教堂正中圆顶的巨大雕像，却是《圣经》中贬抑魔鬼的总领天使圣米歇尔。

已成为里昂市中心地标的富维耶大教堂，是研究19世纪宗教艺术和思潮最好的代表作品。虽然古老的教会仍陷入新旧冲突，然而这一切不易为人所觉知的焦虑，却不经意地表现在大教堂的内外形式上，充满一片“新”意。

富维耶大教堂是19世纪新旧思想冲突下的产物，金碧辉煌的圣殿内供奉着里昂的主保圣人——圣母玛利亚。富丽堂皇的内观，在当年遭受不少讥评，连保守的天主教报纸都批评:“急于表现的内观显得什么都有，却少了让人冥思默想的空间。”

浴火重生

20世纪初，里昂的人口跃升至五十万，许多重要工业，包括铁路装备、化学、摄影工业等，都在此间兴起，而促使这一连串发展的主要原因是来自政治的安定。自1881至1957年间，里昂只换了六位市长，而其中一位市长在任时间竟然长达半世纪。

历经动荡不安的历史和惊天动地的改革，里昂在法国境内享有了“抗拒之城”的美誉，并拥有浴火重生后的美丽。尤其是被隆河及索恩河贯穿的旧城区，大批文艺复兴式的建筑就坐落在河的两岸及富维耶山丘。

从富维耶大教堂的平台广场俯瞰里昂旧城区，红色几何方块的屋顶及土黄色的墙面，像极了一幅现代感十足的拼贴画。

里昂人喜欢吃、会吃、懂得吃，而且有自己的独特配方。街道巷弄间到处有装饰美丽的餐馆，等着饕客前来光顾。

里昂的天上与人间

除了现有的历史陈迹，里昂更是法国中部最重要的文化之都。例如：式样新颖的里昂歌剧院（Opéra Nationale de Lyon）为世界级歌剧院；以皇家修道院改建的美术馆，其重要程度仅次于卢浮宫。

和一般的文化古都不同，里昂至今仍相当活泼并充满生活情调。新颖的地铁、数条只能徒步的商业区、索恩河畔的每周书市、大部分为阿拉伯人设摊的成衣市集，都为这城市增添无限情趣。

伴随着动荡的历史岁月，从古罗马到信仰时代，经历18、19世纪宗教改革的人文思潮激荡，如同经年流水不断的隆河与索恩河，每年都有翠绿新芽自河畔古树萌芽，生机勃勃。里昂旧城区虽然迟至1998年才跃登世界遗产名录，仍然当之无愧。

里昂人极富幽默感，除了对自身文化有着无比的骄傲外，更不

沃土广场是里昂旧城区的中心，方正的广场上布满了咖啡雅座。

里昂歌剧院是一座新旧交融的建筑，19世纪的主体加上20世纪的玻璃屋顶，创意十足。

时地对许多事物加以嘲弄。以富维耶大教堂的内观而言，有人为它的俗丽嗤之以鼻，有人却为之疯狂着迷，以好莱坞剧院与之相拟。

这种幽默感也反映于市内著名的壁画艺术。在离市议会不远处的一座建筑外墙上，绘有不少里昂的“名人”，其中包括：著名的《小王子》作者圣埃克苏佩里（Antoine de Saint-Exupery）和电影发明者卢米埃尔（Lumières）兄弟。这些几可乱真的人像，在天气和光线条件好的情况下，每一个人物都栩栩如生，仿佛站在阳台上，像是供人欣赏也像是俯瞰芸芸众生。更有不少淘气的游客，紧贴着墙壁与“名人”摄影留念。

里昂旧城区每年12月8日夜晚，每一扇窗户上几乎都有人点蜡烛，这是来自19世纪的传统。原来，1852年12月8日是富维耶大教堂钟楼顶安装鎏金圣母像的日子，不巧那天雷雨交加，为了瞻仰圣像，有名妇人在自家窗口点上蜡烛，意外带动众人的仿效，蔚成奇观，以后每年的这天晚上，万家烛光与天上的星子相辉映，所谓的“天上人间”可能也不过如此吧！

菲利普先生

有位当地的朋友，真好。除了经由他能深刻地了解一座城市外，在有生之年更是旧地重游的最重要动机。对我而言，已逝的菲利普几乎就是里昂的同义词。每次前往法国，我总要拜访这位有如亲人的朋友。哪怕实在抽不出空档，我仍会把握转车的时间在里昂车站与菲利普碰个头。

菲利普就像古老教堂般地对他的朋友永远忠实。1991年初访里昂，经神父友人的安排下榻菲利普家——我们的忘年之交就此展开，而美丽的里昂也成为我在法国的家乡。

向来不喜欢离别气氛的我，那年离开里昂时，菲利普在清晨的车站里说什么就是不肯离去:“答应我，你会再回来！”得到我的首肯后，菲利普突然头也不回地跑开，留下错愕的我。2003年10月，辗转得知菲利普逝世的消息时，我痛快地哭了一场。心情安定后回想，某些事自有蹊跷：菲利普病发前，某日，我们拜访完富维耶大教堂后，他竟突然带我去看视他的家族墓园，仿若要我看清楚他未来长眠的地点。

菲利普是眼科医师，常利用休假时在许多贫穷国家为人义诊。中国人积德得以长寿的说法往往与事实相违，生命向来比我们大，这世间仍有许多事难以理解，在某些难以遣怀的哀伤时刻中，我尽量勉想同样是来自里昂的《小王子》作者圣埃克苏佩里，借着小王子临终时所说的话来安慰自己:“别留我！我的身体太重了，无法载负附我回到我的星球，但只要你抬头仰望，我一定会在夜空中某颗星子上对你微笑，想想有亿万颗星子同时对你微笑是多么美妙的事？”里昂将会因菲利普而令我永志难忘。

卡尔卡松古城堡

Chapter 6

卡尔卡松城堡（Château de Carcassonne）没有美人、皇宫贵族的轶事，只有一种苍凉的英雄霸气。犹如散文名家简媜形容：“整座旧城即是一部历史教科书，远远地与卡尔卡松的现代市民共度晨昏。”

浪花
淘尽英雄

当我站在半山腰上的葡萄园，向下俯瞰卡尔卡松城堡（Cité de Carcassonne），夕阳如火，心头油然浮现《三国演义》的开卷语："是非成败转头空，青山依旧在，几度夕阳红。"

对西欧古代军事防御工程有兴趣的人，应不会对法国南方的卡尔卡松城堡失望，庞大的建筑格局完整得有如新搭的电影布景。法国卢瓦河（Loire River）流域上有不少风华绝代的古堡，但绝没有一座城堡像卡尔卡松这样，没有美人、皇宫贵族的轶事，只有一种苍凉的英雄霸气。

在卡尔卡松城堡高耸的城墙上眺望远方，真有一种"古今将相今何在""浪花淘尽英雄"的感慨。

前跨页：入夜后的卡尔卡松城堡，在灯光的映照下，显得金碧辉煌、美不胜收。由于其无与伦比的中世纪军事建筑，卡尔卡松城堡于1997年荣登世界遗产名录。

右页：卡尔卡松城堡是今日欧洲最大、保存最完整的中世纪军事堡垒。时至今日，堡垒已褪去防御的战袍，但仍以雄伟傲岸的英姿向世人诉说千古伟业。

奥德门（la Porte d'Aude）是卡尔卡松城堡西侧最重要的入口，陡峭的地形，使得西侧入口处并没有太多的防御措施，但只要进入城堡，数座堡垒耸立眼前，让敌军毫无发威的余地。

今昔的荒凉

围绕着卡尔卡松城堡的除了葡萄园还是葡萄园，一望无际，愈走愈远，直到偶然瞥见远方迷途的车子时方猛然惊醒：原来我此刻身处现代！这种时空错乱的感觉，令人震撼。

不同于法国其他的建筑瑰宝，大教堂遗迹往往位于市中心，尽被其他不同风格的建筑包围着，只有入内才可以体会到那种源自另一个时空的历史气息。而在背景为卡尔卡松城堡的广大葡萄园里，哪怕是碰上个作唐吉诃德打扮的中世纪骑士都不会让人感到突兀。

公元1世纪起就被划为罗马帝国版图的卡尔卡松城堡，因无与伦比的军事建筑景观和悠久历史，于1997年被联合国教科文组织确认为世界遗产。在滴水不漏的全力营销及包装下，我们常会为建筑背后一长串的历史感到敬畏，其实卡尔卡松城堡在19世纪时，几成废墟。

19世纪时，法国政府有几项重大计划，其中包括修复古迹（何其幸运，比我们早了这么多年）。1843至1879年之间，有将近三千名分别具有石匠、木工、厨师身份的军人，在建筑师的指挥下进行古堡修复。当年的修复工程从城堡西南面的内墙开始，整座古城只有内墙及城塔上层部分经过重建，其他的只要稍作修补即可，至于城堡内的房舍，大部分是19世纪时的产物。

前跨页：卡尔卡松城堡位于法国西南部，是著名的法国葡萄酒产地，从城堡南面半山腰上俯瞰古堡，庞大的城堡流露出一股英雄之气。

右页上：那波尼斯门（la Porte Narbonnaise）位于城堡东侧，由此可以清楚看到城堡内外墙与城塔的坚固结构。这座有双塔护守的大门，木门上满布枪眼，门后还有数道门闩。想攻破这座大门着实不易。

右页下：伯爵城堡（Château Comtal）是卡尔卡松城堡中的城堡，位于城堡内的西侧，地理位置甚为险要。伯爵城堡城墙的外墙，采用半圆形具有防御功能的方式修筑，墙面上还满布枪眼，让敌军无所遁逃。

城堡中的城堡，要塞中的要塞

卡尔卡松自中世纪起就是西欧著名的城堡要塞。在公元前6世纪起已是高卢人（the Gauls）的屯垦殖民地，随着罗马帝国的扩张，卡尔卡松成为罗马帝国外围的城镇中心。至3世纪，因为不时有战火波及，卡尔卡松于是沿着悬崖峭壁、陡峭的山坡，每隔三十米兴

建防御城塔，两城塔之间再筑以城墙。

古代人在做防御外墙工程时，很少把城墙以直线方式连续兴建，反而以城楼来串连这些有凸有凹、不在同一条直线上的城墙，使敌人无法轻易攻破。

卡尔卡松城堡在4世纪时已具规模，据该时期的文件记录显示：有位由波尔多往耶路撒冷的朝圣客，深为城堡雄伟的外观震撼，直言它是“城堡中的城堡，要塞中的要塞”。

5世纪时，卡尔卡松落入西哥特人手中，此后两百年，卡尔卡松是哥特人的北方边陲地带，随着卡尔卡松成为主教城，高卢罗马时期的城墙也在此时愈加巩固。8世纪时，在数桩世袭子爵的通婚下，法兰克历史上的特兰卡维尔（Trencavel）王朝于焉形成——这个小公国的属地自卡尔卡松东达今日的尼姆斯（Nîmes）。

波尔多及巴塞罗那两个家族组成的特兰卡维尔王朝，11、12世纪为卡尔卡松留下了不少建筑遗迹，其中最著名的，当属建于12世纪的圣纳泽尔（Saint-Nazaire）大教堂和西面城堡下方13世纪的圣禧尔斯（Saint-Celse）教堂。

右页上：卡尔卡松城堡东侧城墙。内墙与外墙之间一片平坦，这宽阔地带，是昔日军队通过和竞技所在地。透过图中人物的比例，得以发现城墙的高大。此处亦可明确比较内外墙高低的差距。

右页下：圣纳泽尔大教堂初建于6世纪。13世纪时，大教堂以哥特式风格重建，由于财源缺乏，大教堂主体仍保留了原罗马式建筑，使得这座大教堂同时拥有两种建筑风格，却又巧妙地融为一体。

圣纳泽尔大教堂

呈拉丁十字形、混合着罗马式及哥特风格的圣纳泽尔大教堂，而今仍完好地雄踞于卡尔卡松城堡的西北方。这座大教堂曾因重要的战略地位而受到教皇的重视。1096年6月11日，大教堂开始兴建前曾获教皇乌尔班二世的祝圣；异教兴起时，教皇因诺森三世还曾亲自带着十字军来此驱逐异教徒。13世纪初，圣纳泽尔大教堂进行重建，除了重建原唱经席，还增添了耳堂。

犹如所有法国南方的哥特式教堂，圣纳泽尔大教堂外部并没有哥特式教堂惯有的飞扶壁，而是将所有的力量集中在大教堂的穹顶上。唱经席周围墙壁上的彩色玻璃使墙面显得轻盈灵巧，更难得的是，大教堂南北两扇大玫瑰花窗，都是源于13、14世纪哥特时期的原作，美丽的教堂为雄伟肃杀的卡尔卡松城堡增添了几许温柔气质。

筑起第一道墙

卡尔卡松城堡能成为欧洲军事建筑的经典，并非浪得虚名。

公元3、4世纪时，第一面城墙在露出的山丘石块上兴建，俯视着奥德河（Aude）及周围的山谷，这原始防御工事至13世纪，因为外墙兴建再度得到加强，所有的防御工事都是以当地的石块兴建——这些石块筑出了近三千米长的壁垒、五十二座城塔及瞭望台。

从竞技场边的内城墙得以看出当年石匠如何以规律的粗石与砖块交织兴建。封建时期，卡尔卡松城堡由南北往东西向发展，愈修愈精悍的军事工事，使卡尔卡松于英法百年战争期间的血腥中，牢不可破，并未受到波及。

伯爵城堡

纵使有匠心独具的防御工事，卡尔卡松城堡终究无法抵挡世局的变化。13世纪起，卡尔卡松城堡南面的下城区因纺织业的兴盛而迅速发展。17世纪中叶,鲁西荣省（Roussillon）正式并入法国版图，法国边境向南推进，使卡尔卡松城堡成为内陆，自此战略地位一落千丈。

卡尔卡松城堡最大的敌人不再是任何入侵者，而是迅速发展的下城区，连原本居住在城堡内的行政、皇家官员都逐渐外移。在所有荒废的昔日皇家居所中，最有看头的是位于卡尔卡松城堡内西北方的伯爵城堡,从空中俯瞰,这座迷你城堡称得上是“城堡中的城堡”。

而今已辟建为碑铭博物馆的伯爵城堡，是卡尔卡松城堡唯一需要另外购票才能进入的古迹建筑。伯爵城堡共分为三个部分,分别是：防御工事建筑、内庭居所和中央庭院。这些建筑的构建纪录最早可上溯至13世纪初期，为此在内庭居所里还可以看见许多哥特风格的装饰。

从外墙大门进入城堡后，首先是一大片空地，连接古堡的古桥底为干壕沟，古桥后头就是城堡大门。抢眼的大木门背后有数道门闩，得以想见：昔日想攻破这道城堡大门，谈何容易！此外，四周城墙上还有架着顶棚的走道，看守城堡安全的哨兵藉此监视城堡内外动静。有数个房间的居所而今已是古文物陈列室，收藏有5至17

右页下：伯爵城堡入口为有双塔保护的城门，双塔上建有突堞口，城内守军可由此向敌军泼洒热水。除此之外，升降门及大木门都是城门强悍的防御措施。

圣纳泽尔大教堂罗马式主堂北面回廊的圣彼得礼拜堂里有主教的坟墓，坟墓上的壁龛雕刻源自哥特时期。壁龛中间的人物为主教本人，左右两边为教会执事，三位人物下方为一组宗教送葬行列的队伍，是同时期雕刻精彩的代表作之一。

圣纳泽尔大教堂主堂部分仍是古老的罗马式风格，和谐典雅，一种恬适的理性风采洋溢在穹顶梁柱的回廊间。

在圣纳泽尔大教堂中，唱经席的梁柱上依附着四十二尊以十二门徒和圣人为题的雕像，透过彩色玻璃的光线，这些石雕显得神采飞扬。

世纪的雕刻，包括：5世纪的石棺、12世纪的喷泉及宗教主题雕刻。从这些房间得以稍稍窥探当年城堡内的生活起居，若以现代眼光看来，庞大的房间美则美矣，却未必舒适。难怪当下城区开始发展后，所有的宫廷贵族纷纷把行政中心及居所迁往更舒适的下城区。

抢救古城堡

因为战略地位下滑，卡尔卡松城堡在法国大革命时期被归为旧法国政治和社会制度下的无用产物，庞大的城堡变成一座无足轻重的军械库和货物集散地。

1802年，法国军事当局不堪负荷庞大的维修开支和负担，终于宣布弃守卡尔卡松城堡，曾经不可一世的军事城堡自此走上衰败的命运。两年后，军事当局再度宣布卡尔卡松城堡为二级军事根据地。

右页：从卡尔卡松城堡西侧城墙下望下城区，红瓦白墙的美丽景象，静谧迷人。随着宫廷贵族的迁出，卡尔卡松城堡终于走上衰败之途。

伯爵城堡中庭有两棵大树，夏日绿树成荫，是城堡中较没有军事肃杀气息的地方。图片右侧的城墙上有架着顶棚的走道，昔日看守城堡安全的哨兵可在此监视城堡内外的所有动静。

左页：位于城堡东侧的那波尼斯门，是进入城堡的主要入口之一。入口后方为两座保护城门的城塔，是昔日储藏军事用品和食物饮水处。图片右侧为特瑞瑟塔（Tresau），是昔日税吏居住之处。

1850年法国政府甚至下令铲除残败的卡尔卡松城堡。城墙、城塔、石块被无情地拆除，试图做其他的用途。此时，有位来自卡尔卡松的人士大声疾呼："保护卡尔卡松城堡！"在保卫古迹人士的奔走下，调查法国遗迹的相关人员终于注意到这座城堡，并且成功地废止了来自军方的命令。

法国当时最著名的古迹维护建筑师维奥列·勒·杜克，在1843年刚获得维修巴黎圣母院合约的同时，亦获得修护卡尔卡松城堡圣纳泽尔大教堂的合约，而后，他更投入了整个古堡的维修复建。

这位国宝级的建筑师在进行古迹复建工程前，会绘制考证精细的平面图。直到维奥列·勒·杜克1879年去世前，庞大的复原工程尚未完成，后续工作由他的学生承接，至1910年终于完成整个修复工程。

古堡幽情

在21世纪的今天，仍像一则古老而未褪色的传奇，褪去征战血腥的外衣，忘却人世间的缤纷扰攘，卡尔卡松城堡以最简朴的外貌，向后人娓娓诉说千古伟业。

维护良好的卡尔卡松城堡而今如梦似幻地雄踞在奥德河畔的山丘上。若有机会亲自走上城墙，向下俯瞰卡尔卡松下城区，红瓦粉墙的景象美得出奇。一排排绿树一直延伸到遥远的地平线，横跨在奥德河上的古桥，河水淙淙流过，河畔青翠的绿树，直比印象派的田园名画。

入了夜，卡尔卡松城堡像其他法国古迹一样，人工光线将城堡映照得有如黄金打造般。在城堡西边入口处，眼见金黄的光线自晚霞隐去的暮色中浮现在斑驳的古墙遗迹上，那日夜交会之际光线变化的景象，神秘、壮观得有如瑰丽梦境。

从古堡一路往下城区走去，沿途小巷道昏黄的灯光，让人更想放慢步伐，频频回首，舍不得走回车水马龙的现代。

夜晚的陌生人

以前友人曾说我对法国宗教艺术和历史的了解比一般同年纪的法国人更深。对这样的赞美我只有存疑，直到卡尔卡松之遇，方知友人的感慨不假。我在卡尔卡松的最后一夜，顶着刺骨的寒风拍摄夜景，突然有名拿着全套摄影器材的年轻人从身后向我请教夜景的拍摄诀窍。交谈中，我知道这名年轻人是邻近城市一所艺术学院的教师。为了把握稍纵即逝的天光，我邀他稍晚到城堡的教堂里详谈。

进入温暖的教堂后，我试着找寻话题以拉近距离，随手指着一尊雕像，问："这尊雕像是谁？""不知道！"年轻教师不假思索地回答。我对他连圣女贞德都不认识甚感惊异；继续问他教堂里的其他雕像和彩色玻璃，得到的标准答案——全部不知道。

我很好奇这样的文化现象。印象里，法国人不是个个都对自身的文化了如指掌吗？何况是具有深刻内涵和地位的宗教建筑！除非视若无睹，要漠视宗教遗迹并非易事。原来，年轻教师是名无神论者，他清楚地告诉我：法国给人的印象是天主教国家，却只有百分之五的人口定期进教堂，学校教育更是把宗教完全摒弃于外。

年轻教师对宗教艺术的漠视，没有激起我的优越感，而是联想到：我对自身文化的民间信仰所知也是极其有限，就算有机会进到庙里，对黎民百姓所信奉的神祇何尝不是陌生得可以！更汗颜的是，台湾宗教建筑的数量与法国比较起来只有过之而无不及。知识分子解释文化往往与真正生活其中的人感受不同，我惊觉自己对许多事物，尤其是异国文化现象，往往承继别人一代接一代的类型化思考而不自知。在卡尔卡松不期而遇的年轻教师与我分享了宝贵的一课。

阿尔勒及奥朗日的古罗马遗迹

Chapter 7

阳光，绿野，薰衣草。

香料，橄榄，向日葵。

这是普罗旺斯（Provence）给人的典型印象，

谁也没料到：普罗旺斯竟然存有大批足以傲世的

历史人文遗迹！

恋恋
普罗旺斯

多年前，英国作家彼得·梅尔（Peter Mayle）所写的《山居岁月》（*A Year in Provence*）一书，让普罗旺斯声名大噪。幽默的作家写尽此间的生活趣事，却对这里的历史遗迹视若无睹。而大画家凡·高在阿尔勒（Arles）所创作的一系列经典画作，竟然没有一幅是以此地丰富的历史遗迹入画。

我相信许多人会像我一样，不知道普罗旺斯境内竟然有如此众多占地广大的古罗马遗迹。更让人吃惊的是，这些古迹的规模和艺术表现，较之意大利境内的古罗马遗迹毫不逊色。法国南方濒临地中海，幅员辽阔的罗马帝国能在普罗旺斯境内留下几座罗马遗迹并不令人意外。

近代国家主义的兴起，让人误以为欧洲是无数大小不一的国家所组成，尤其是19世纪以降的历史，欧陆各国以自身观点解读欧洲史，更加深了这种印象。国家主义兴起之前，欧洲是个拥有共同信仰文化的罗马帝国，许多发生在帝国里的战争，若以大中国的眼光看来，真有点像兄弟阋墙，而不是国与国之间的交战。

前跨页：建于公元前15至公元25年间的奥朗日古罗马剧场，依山而建，观众席渐次上升，演出时各个角落欣赏到的声光效果不相上下，是一座可容纳近万名观众的大型剧场。

右页：向晚的阿尔勒古街道上，洒落着令人神往的金黄色调，普罗旺斯的美丽景色不言而喻。

丰富的罗马古迹、特殊的风土人情、动人的地中海风情，为隆河畔的阿尔勒城增添令人神往的魅力。

HOTEL
Saint

最佳的行省

美丽的普罗旺斯是今日法国历史文化的发源地之一。高卢罗马时期的著名建筑几乎全坐落在普罗旺斯境内，尤其重要的是，这些庞大的古迹是法国历史教科书必点名之处。公元前120年，长期受到高卢部落侵害的马赛地区，请求罗马人出兵协助。在罗马人征服高卢之后，罗马帝国立刻支配了地中海沿岸，称此地为普罗分西亚（Provincia），原意为“最佳的行省”（The Province Parpar Excellence）——普罗旺斯之名就是源自此词。

普罗旺斯最重要的古罗马遗迹，集中在阿尔勒以及邻近的奥朗日（Orange）两座小城。

阿尔勒之名早已随着凡·高的画作名扬世界。有意思的是，凡·高除了对普罗旺斯的阳光和此间的平凡事、平凡人有兴趣之外，竟然对这几座铄古震今的古迹全不动心。

若非怀旧风潮，西方鲜少有艺术家愿意在过往历史里找寻创作灵感。阿尔勒这几座硕果仅存的古罗马遗迹，在凡·高那个时代，旧日风采斑驳殆尽，外观与废墟没有两样。尤其是阿尔勒的古竞技场，在19世纪大肆整顿前，除了两座教堂，几乎沦为贫民区，早就看不出原有的风貌。

这座曾深受罗马帝国历任皇帝喜爱、昔日隆河三角洲上最重要的古城，自15世纪政经枢纽地位被邻近的其他城市取代后，地位一落千丈。当19世纪的印象派画家乘着火车一路从工商业发达的北方，南下找寻创作灵感时，阿尔勒昔日盛极一时的光辉，成为烟尘往事。

普罗旺斯的地中海风格建筑，在阿尔勒城内一览无遗，栉比鳞次的红瓦屋舍，在阳光下令古城更添风采，大画家凡·高曾在这儿创作出脍炙人口的画作。

右页：建于罗马皇帝哈德良当政时期的罗马竞技场，其椭圆庭院长达136米，宽107米，规模之大，盘踞在阿尔勒市中心外围地区，是古罗马帝国在此留下的一项傲人遗迹。

罗马遗迹

20世纪中叶，在其他地区谱写新页的历史脚步，意外地再度绕回阿尔勒地区。第二次世界大战结束后，整个西欧社会终于有余力及精神，以一种新的态度重新整理前人的遗迹。20世纪70年代联合

PENA
BAGNOULENCO

国教科文组织成立，总部位于法国，法国趁地利之便投入大批财力、人力，将险些成残迹的古迹，一座座地复活起来。史前时期的阿尔勒地区是一片无边际的沼泽地——阿尔勒的古字“Arelate”就是沼泽之意。公元前1000年左右，腓尼基商人前来阿尔勒进行贸易，希腊人紧接于后，在这里落地生根，生活了四百年。

公元前49年，征服庞贝城的凯撒大帝，为犒赏助攻的海军，赐予阿尔勒各种特权。政经地位的提升，足以让阿尔勒的建设媲美罗马帝国境内的重要名城。

罗马人向来讲求生活质量，无论在哪里建城，照例要盖神殿、浴室、竞技场、露天剧场。阿尔勒和奥朗日的罗马遗迹就是这时期的产物。

由于后世对于石材的需求，使得原本由六十根大拱廊堆栈而成的三层建筑，如今只剩下两层结构，每层各由六十座拱门相连接。昔日的样貌虽不复见，竞技场今日壮盛之景仍令人震慑。

右页：整个竞技场共有四十三层阶梯，若以坐满观众计算，约可容纳两万五千人之多。穿行于竞技场的拱门下，令人忘却时序，仿若走入古罗马的辉煌盛世。

罗马竞技场

建于罗马皇帝哈德良当政时期的阿尔勒罗马竞技场，至今已有一千八百多年的历史，蓝天之下，历久弥新，仍具磅礴气势。整个法国境内，只有尼姆斯那座竞技场堪与阿尔勒这座相媲美。纵使昔日风光样貌如今已不复见，阿尔勒古罗马竞技场拔地而升的雄伟景象，依旧令人震慑。

骁勇好斗是人类的天性，而今的阿尔勒竞技场不再有像罗马帝国时期人斗人的血腥竞技，但每年4月，依旧有来自西班牙的斗牛士前来表演斗牛。那一整个星期，阿尔勒城内万人空巷，洋溢着弗拉明戈的音乐声，斗牛表演的黄牛票有时喊到数百美元。更叫人吃惊的是，竞技场内四十三层台阶上两万多名观众的欢呼喝彩声，有如平地一声雷，几里地外都可以听到，热闹气氛不输当年的帝国。

文化与文明很多时候不是并行的，罗马人花大把银子，用惊人的建筑技术、艺术装饰盖竞技场，欣赏的却是最残暴的野蛮格斗。历史记载，竞技场除了有猛兽互斗外，还有人兽斗，而最恐怖的莫过于人与人的互斗。为了增添刺激的可看性，罗马人在竞技场上设计许多机关，每经竞技，场内散落着断肢残臂，惨不忍睹。格斗后，工作人员将沾满鲜血的泥土铲掉，用细沙重新铺满，迅速恢复场地，以准备下一场竞技。

竞技在古希腊时期是一种高尚的运动，到了好战的罗马帝国却

变了个样。历史显示，有不少身着华服的男女观众，当年边吃午饭边观赏血淋淋的竞技，兴高采烈，高声为自己的偶像喝彩。

椭圆形的阿尔勒竞技场，当年皆是以石块所建，切割精确，每一扇几乎一模一样的拱门，竟没有使用任何连接媒材。行走在开阔的走道上，阵阵凉风乱窜于拱门之间，猛一抬头，高耸庞大的石块建筑在青天下巍然屹立，几乎让人瞬间领会到罗马帝国充满霸气的灵魂与精神。

走出占地广大的竞技场，伟大的遗迹，因为历史的距离，反而变得相当典雅与浪漫。

古罗马剧场

右页上：建于公元前30年间的阿尔勒古罗马剧场，其气势、规模都无法与奥朗日的古罗马剧场相比，却仍可容纳上万名观众。5世纪起，大量的剧场石材被基督徒移作他用，使得这座曾经辉煌的古建筑终成废墟。原为三层建筑的阿尔勒古罗马竞技场，其最上层的石块已被拆下，如今只剩下两层。

离竞技场不远处，另一个著名的古罗马遗迹——建于公元前30年，有高卢罗马境内“最美剧场”之称的阿尔勒古罗马剧场。可惜的是，这座原本可容纳上万名观众的建筑，随着帝国的灭亡、基督信仰的兴起，自5世纪起，大量的石材被天主教会移用为盖教堂的建材。今日的剧场只有凄凉的断垣残壁供后人凭吊。

与阿尔勒邻近的另一座迷你小城奥朗日境内，却有一座建于约公元前30年的古罗马剧场，气势足以与阿尔勒竞技场相匹敌。

阿尔勒古罗马剧场很可能是现今古罗马文明保存得最完整的一

左、右页下：位于阿尔勒市中心的古罗马剧场曾是高卢罗马境内最美的建筑。据说，在最辉煌的年代，只有奥古斯都的住所可与之相提并论，如今却剩下断垣残壁。

座剧场。这座剧场可容纳近一万名观众，整体结构大致分为：背墙、前墙、观众席。剧场外墙长达103米，高37米，厚1.8米；内墙约五层楼高，原先建有倾斜的屋顶，其上设有升降布幕的支架，演员可以在建有通道的墙面上进出，增加戏剧效果。依据出土资料推测出原先舞台内墙曾用大量瓷砖、马赛克和雕像，装饰得富丽堂皇。当年富丽的样貌与今日世界一流的剧院相比，有过之而无不及，尤其是它的声音效果，至今仍获得相当高的评价。只要想想：在没有麦克风的年代，演员的声音能传遍剧场的每个角落，便不得不承认这真是一项了不起的建筑成就。

1931年，奥古斯都的雕像于舞台下方的乐池中被发现，1950年放至现今的位置上，这座高3.55米的雕像，是大型奥古斯都雕像中深具分量的代表作。剧场舞台两侧的墙壁以前也有大型石雕像做装饰，除此之外，这两面墙也是演员进出场以及组合道具的地方，侧幕墙面的上层具有存放道具的功能，设计健全，不亚于现代剧场的功能。

罗马剧场全部以石头建造，因为其建材特殊而能屹立近两千年。剧场外观虽残破，人们依旧得以想见公元前后时期，民众盛装前来剧场欣赏演出的盛大场面。只不过曾经于此闪耀的明星已从舞台消失，反倒是这座历久弥新的古剧场，成为历史岁月中唯一屹立不摇的永恒之星。

不像多数至今只能成为露天博物馆的古罗马遗迹，奥朗日剧场自19世纪起再度恢复例行的表演。坐在两千年前兴建的剧场里，享受精致非凡的表演艺术，美好经验可想而知。

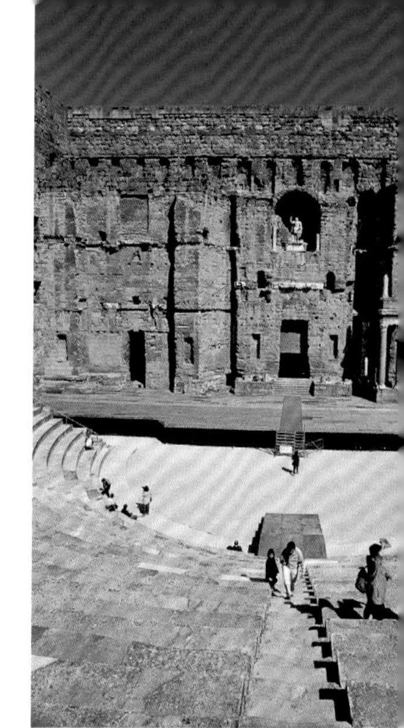

古剧场内原本建有施工精细的科林斯风格石柱与雕像，墙上装饰着美丽的马赛克。设在各墙面的小门除了可使演员穿梭于舞台间，也是制造特殊玄机的所在。

凯旋门

除了罗马剧场，奥朗日还有另一座建筑列入世界遗产名录：以当地石灰岩建造完成的凯旋门。这座凯旋门的兴建年代已不可考，长超过19米，宽8.5米，三座拱门里最高的达8米，拱门之间以科林斯风格石柱衬托，远观近看，气势十足。

虽然称为“凯旋门”，然墙面所记录的战役全发生于罗马境内，因此其象征意义大过于实质意义——是记录罗马盛世的重要陈迹。

右页：以石灰石建造的奥朗日凯旋门，其造型与巴黎凯旋门十分类似。除了装饰的雕刻外，最特殊的是，门上记录着发生于罗马境内的战役，证明了罗马帝国统治于此的烽火岁月。

罗马神庙

除了俗世的公众娱乐场所，昔日罗马帝国境内更有许多宗教建筑。而这些供奉“异神”的庙堂在基督信仰兴起后，不是整建为新教堂就是淹没于历史洪流中。

普罗旺斯境内现存的罗马神庙遗迹，就位于奥朗日剧场旁。这座神庙是1925至1937年间拆除二十二栋房子后而得以出土的，然毁损严重、样貌不可考，人们仅能由遗迹中的巨型石柱推测昔日神庙规模之宏伟。

罗马神庙已不可考，然而普罗旺斯境内却有非常多的基督宗教遗迹，在众多优美著名的宗教建筑中，位于阿尔勒的圣托罗非姆（Saint Tromphimus）大教堂及位于亚维农（Avignon）的教皇宫（Palais des Papes）被列入世界遗产名录。

右页：位于奥朗日古罗马剧场旁的神庙遗迹，是1925至1937年间拆除二十二栋房子后而出土的重要古迹。然因毁损严重，样貌已不可考，人们仅能由遗迹中的巨型石柱推测出昔日神庙规模之宏伟。

亚维农教皇宫

普罗旺斯与天主教的发展息息相关。314年将基督信仰立为国教的君士坦丁大帝，曾在阿尔勒召开第一次主教会议，寻求新兴宗教的整合。至中世纪，普罗旺斯在天主教会历史中再次扮演划时代的角色。

13世纪初期，有“美男子”之称的法王腓力四世（Philip IV The Fair），为争王权而与同样傲慢的教皇波尼法斯八世（Boniface VIII）起了严重摩擦。继位的本笃九世（Benedict IX）继续与腓力四世抗争，腓力四世干脆促成他中意的波尔多大主教——史称“克莱门五世”（Clement V）的贝特兰（Bertrand de Goth）当选教皇。新任教皇有绝佳的理由害怕罗马人会反对，因而在法王的保护下，自1309年起就居住于普罗旺斯境内、今日以年度艺术节闻名于世的亚维农城。自此将近一个世纪之久，七任法国教皇继位者就居住在亚维农教皇宫里。

除了伟大的宗教遗迹，今日的亚维农以行之有年的艺术节闻名于世。亚维农的断桥，诗意万千，令人流连忘返。

亚维农的教皇宫，是普罗旺斯最壮观的宗教遗迹。自14世纪起，有七任法国教皇定都于此，这场大冲突让天主教大一统的梦想破碎。建于14世纪的庞大教皇宫，外观看来不像宫殿，反而像是一座具有强烈防御性的碉堡，具体呈现当时教廷与法王之间的紧张关系。

这场法王与教廷的大冲突，对法国、欧洲甚至整个天主教世界造成巨大的影响。

罗马教皇想维持天主教世界大一统的梦想破碎，国家与君王完全独立。被法王操弄的教皇也使教会失去一位能约束民族侵略与野心的仲裁者。

分裂的教皇为14世纪末教会内部的大分裂铺路，历史记载，居住在亚维农教皇宫的教皇们，为了怕被突击暗杀，连用餐都改用木制刀叉，免得饭吃到一半就遭到不测。

亚维农教皇宫至今仍是亚维农最伟大、最醒目的地标，这座建于14世纪的庞大建筑，外观看来不像宫殿，反而像是一座具有强烈防御性的碉堡，具体反映出当时教廷与法王间关系紧张的情形。曾被装饰得极其豪奢的宫殿内部，在法国大革命时受到严重的破坏，家具和艺术品遭洗劫一空。虽然华美装饰不再，这座攸关欧洲历史命运的教皇宫，在几个世纪后的今天，仍居高临下地位于亚维农断桥河畔，气势不俗。

primitive
passion

圣托罗非姆大教堂

普罗旺斯是天主教的发源地之一，境内有多座以罗马式风格建造的教堂与修道院。阿尔勒市政广场上的圣托罗非姆大教堂及修道院就是其中最著名的一座。阿尔勒的主保圣人圣托罗非姆，相传当年是经由圣彼得派遣，直接由希腊来此传教。这座教堂就是由这位圣徒当年所建，献给圣司提反（St Stephen）。

这座被联合国教科文组织列为世界遗产的教堂及修道院，在8世纪遭撒拉森人毁损，至加洛林王朝时才得以重建。阿尔勒罗马剧场内的石材大多就是在这时期，被移来建造此一建筑。12世纪，教堂正面及修道院在雕刻上做了些许修改，外貌上有了更高的成就。

我向来很喜欢罗马式及哥特式的宗教雕刻，这些紧紧依附在教堂门面上的雕刻，人物表情肃穆单纯，却饱含一种毫无矛盾、感性与理性交织的和谐光辉；近乎于呆板的身体语言，保守典雅，更含有一股向上追求的出世精神。

右页：神秘而静谧的修道院中庭花园里，洋溢着一股属于中世纪的知性色彩。中庭四周的回廊廊柱上，镂刻着典型的罗马式雕刻，不过仍是附属于建筑的一项装饰。

圣托罗非姆大教堂是普罗旺斯境内最伟大、典雅的罗马式教堂，教堂外观门楣上及两旁的雕刻更是同时期的杰出代表。

上、右页：建于中世纪的圣托罗非姆大教堂，相传是因圣托罗非姆来此传教所建。罗马帝国衰落后，阿尔勒罗马剧场内的石材大多被移来这里。

圣托罗非姆大教堂正面及两侧雕刻，除了先知和圣人雕像外，还刻有中世纪时基督徒最熟悉及喜爱的主题“最后的审判”。有不少人对这些吓唬人、有着警世意味的雕刻主题不以为然；从另一个角度来看，中世纪人们是何其幸运地能对天国的计划如此深信不移。

西欧宗教发展史关于出世、入世的政教冲突，都已被岁月的浪花淘尽。如今这一座座遗留下的宗教古迹，不再被视为是迷信结晶，而是一种伟大艺术成就，以及一份宗教和人文历史演变的见证。在古老的圣托罗非姆修道院中庭浏览，古建筑那种混着知性与感性的质感，应会让任何一位喜欢美的人心神畅快。尤其可贵的是，它们不会过气得把人轻易地带回那古老、古老的过去。

历史的脚步从不稍停，这些美丽又壮观的遗迹却鲜活地为后世保存一个不复返的时代记忆，身处在这些古老的遗迹面前，实在不需要画蛇添足地细细陈述有哪些伟大的人物或历史事件曾在这停留发生，雄风依旧的建筑已说明一切，而这正是这些人类遗迹最可贵之处吧！

圣托罗非姆大教堂看似呆板的石刻含有丰富的教化作用，这批伟大的遗迹，竟被大画家凡·高以“中国梦魇”来形容。

上、下：兴建于12世纪的大教堂附属修道院，拥有成就非凡的回廊雕刻，尤其是东西两侧的中庭回廊，堪称修道院内最具历史价值的部分。

我在
普罗旺斯

我很喜欢普罗旺斯，除了丰富的美景，那里的人也很有意思。法国人向来给人慵懒的感觉，和他们成为同欢共乐的好朋友很棒，若是共事，或许会令讲效率的人发疯。

第一次抵达普罗旺斯是星期四，我只有四天的工作时间，于是请教接待的神父如何有效率地完成行程，他用很温柔的法国腔回答："别急、别急，先晒晒普罗旺斯温暖的阳光，喝杯咖啡，星期一再说。"周末结束后，当神父得知我跑完行程后，瞠目结舌地说："这简直是疯狂！"

热爱生活的态度，促成许多古罗马遗迹的诞生，在普罗旺斯亦如此。从剧场、澡堂到竞技场，几乎都是为增进生活乐趣而建的。而今的竞技场每年仍有斗牛表演，表演时万人的欢呼声，响彻几公里之外。

至于奥朗日剧场，每年都有艺术季。星夜聆听歌剧堪称人生乐事，不可思议的是，两千年前的罗马人也是如此看戏。当时有好几层天幕的舞台比今日更讲究，而且有好几层的舞台供演员制作特殊效果，热闹非凡。此外，剧场的声音效果非常好，站在舞台上大声讲话，无需麦克风就足以传遍数十层外的观众席。

古罗马遗迹为美丽的普罗旺斯更添风采。说来有趣，当年画家凡·高前来普罗旺斯寻找创作灵感，竟无视于境内的遗迹而未将之入画。然而，凡·高却为美丽的自然景色留下无与伦比的脚注，其成就并不亚于庞大的历史遗迹呢！

圣埃美隆山村

Chapter 8

你们愿意像父辈那样维持这无比荣耀的传统，身体力行，以友谊坚固它，以忠实及尊敬来分享圣埃美隆美酒的精神，尽全力维护它不朽的荣誉吗?

世纪末的瑰宝

法国波尔多（Bordeaux）的葡萄酒举世闻名，而位于波尔多东北方35公里处的圣埃美隆（St. Emilion），却是使法国葡萄酒风靡全球的生产地。

在介绍这个有趣的地方之前，我先分享一个有趣经验：贵为全球制酒圣地，再加上有联合国教科文组织这块花钱也不一定买得到的金字招牌，我想，圣埃美隆一定是个游客如织的观光大站，没想到完全相反。

那个隆冬的早晨，我从波尔多搭乘前往圣埃美隆的火车。没有冬令时间的法国西部，早晨五点多仍是漆黑一片。离开客居的修道院，由于时间太早无法在院内用餐，于是我决定到圣埃美隆后好好享用一顿奢侈的早餐，待天光稍明后再开始工作。怎知长长的火车上，从头到尾只有我一名乘客，车厢外除了漆黑还是漆黑，连天上的星星也看不见几颗。速度不快的火车几乎每站必停，让我提心吊胆，根本不知圣埃美隆究竟在哪里。

四十多分钟后，火车抵达一个小得不能再小的车站时，车上唯一的服务员紧张地跑向我身边大声喊叫："快点下车！"

这就是我要去的圣埃美隆？我不敢置信地望向窗外，所谓的车站只是一间破房子，里面没有灯火，连窗户都被砸破了好几个大洞。天空飘着蒙蒙细雨，我这个从远方来的人就下了车。这个上不着村、下不着店的荒郊野外，别说要找个温暖的地方好好喝杯能驱寒的热咖啡，在浓雾密布、辨不清方向的乡间小径上，我甚至担心会遇到吸血鬼。

最令人气结的是，大名鼎鼎的圣埃美隆竟然位在距离火车站4公里外的半山腰上。

至此，我明白圣埃美隆山村会列入世界遗产名录，并不是因为拥有傲人历史或自然奇景，而是那个已有千年岁月、名闻全球的制酒文化。悠久独特的酒乡文化，使得联合国教科文组织于1999年选定圣埃美隆为法国第二十七处世界遗产，也是世纪末最后一座列入世界遗产名录的瑰宝。

右页上左：中世纪的一场联姻，使得圣埃美隆被大西洋对岸的英国统治了近三百年之久。正因为英国人的推广，使得圣埃美隆葡萄酒扬名全世界。

右页上右：国王城塔建于13世纪，这座全镇最高的建筑究竟是英王还是法人所建，今日已不可考。雄伟的建筑，使得圣埃美隆重要的传统仪式几乎都是在此举行。

右页下：8世纪时，当地居民为纪念来此传道的教士，特以他的名字圣埃美隆为山村命名。这位圣徒或许无法料到以他为名的小山村，日后会成为全世界的葡萄酒重镇。圣埃美隆的葡萄园中有无数私人的酒窖及大庄园，这些其貌不扬的建筑内，囤积着不少令人味蕾大开的葡萄美酒。

前跨页：圣埃美隆位于法国西部波尔多近郊35公里处，自古以来，这儿就是法国甚至是全世界最著名的葡萄酒产地。若以人口密度极高的亚洲而言，圣埃美隆的规模只能算是座小村镇。依地势而建的圣埃美隆，街道陡峭，村子内街道上所铺的鹅卵石，全是来自于中世纪运葡萄酒船只的压舱物。

法国葡萄酒之乡

方圆不大的圣埃美隆虽然离波尔多这么近，却从容地不受外界干扰，保住山村悠闲的生活步调。

欧洲有许多乡村很有自信地保存自己的传统文化及生活方式，实在很值得只顾发展经济却把文化传统视如敝屣的发展中国家借鉴，尤其是这些遗迹往往能成为该地最大的经济来源。连圣埃美隆都能进入世界遗产名录，若中国能解放思想，并舍得花钱、花工夫整理研究自身的文化遗迹，不知道会有多少地方能堂堂登入世界遗产名录而扬名国际？

我们看看法国人怎么推荐圣埃美隆这个小山村。葡萄酒孕育出圣埃美隆的文化传统，这独特又有趣的传承在每年采收葡萄的庆典中达到高潮。

酒乡誓言

“尊贵的先生们，你们愿忠实地保证圣埃美隆美酒的信誉吗？愿维持这酒的信誉于个人利益之上，并以你们的言语及样品来维护它的名誉吗？”在酒节的宣誓典礼上，市长问世代以此为业的葡萄农。

“我愿意。”酒农回答。（若不这样回答，我想，酒农也不用混了。）

市长继续问道：“你们愿像父辈那样维持这无比荣耀的传统，身体力行，以友谊巩固它，以忠实及尊敬来分享圣埃美隆美酒的精神，尽全力维护它不朽的荣誉吗？”

待酒农宣誓完毕后，市长大人会大声朗诵：

“绅士们，我在这接受你们的誓词，你们的任务就是维护圣埃美隆美酒的荣耀，去教导必要的技巧给葡萄园主和酿酒师，酿出好酒，广为宣传，且与任何打击圣埃美隆美酒的不实言论抗争，更欢迎那些喜爱圣埃美隆美酒的朋友们，与我们一起护持它不朽的荣耀与盛名。”

右页上：大墙（Grandes Murailles）位于布尔乔亚城门（Porte Bourgeoise）旁，这座昔日优美的多明我会修院教堂，如今只残存一片墙，与圣埃美隆的宗教历史一般，无限凄凉。

右页下：圣埃美隆地势不平，主要的街道非常陡峭，若不是街道中央有扶手栏杆，冬日结冰的街道将难以行走。呈土黄色的建筑，所需的石材大部分来自当地的石灰岩。

Logis de la Cadène
La Côte
Braisée
Restaurant

酒文化之旅

公元前263年，圣埃美隆已有种植葡萄的纪录。4世纪时担任执事官的拉丁诗人奥松（Ausone）在此定居于一处有近百亩葡萄园环绕的大庄园里，圣埃美隆的产酒文化自此开始萌芽。

8世纪时，有位来自布列塔尼（Bretagne）、名为埃美隆的僧侣前来此地传教。据说，这位曾大显奇迹且日后被封为圣人的教士，深得村人的喜爱，人们为纪念他，而将小山村取名为“圣埃美隆”。这位圣人独居的山洞就是今日大教堂所在地，这座大教堂所在位置是一座巨大的石块，整座教堂就是将石块挖空后依地形构建，成为不折不扣的地底教堂。

葡萄酒法规

中世纪以降，圣埃美隆的政治、宗教就与酒业息息相关。说来有点令人难以置信，圣埃美隆最初的制酒法规竟然是由曾统一欧洲的查理曼大帝所制定。8世纪末，查理曼大帝为抵抗入侵的阿拉伯人，将军队驻扎在圣埃美隆地带，这位教育程度不高的霸主除了发明消除葡萄酒单宁酸的方法，还制定了以木桶而不再是皮囊运送葡

隐士居住处的地上有一座罗马式的主堂，礼拜堂简单而朴素，进得堂内，神圣的心情油然而生。

科德利埃修会（Cordeliers）是方济各会中最严格的一派，14世纪时前来圣埃美隆建立修道院。年代久远加上宗教不兴，昔日占地广大的修道院，今日除了中庭和教堂墙面依稀可见，其他建筑已不复存在。

萄酒的法规。自11世纪起，因为位处于往圣地亚哥－德孔波斯特拉（Santiago de Compostela）朝圣的必经之地，无数朝圣客终于使地底的石头大教堂于15世纪时完工。而在盛产于圣埃美隆的石灰石大量被开采后，更有无数的教堂、修道院等宗教建筑陆续在圣埃美隆兴建，质量相当高的石灰石产业兴盛至18世纪，这段时期的石灰石产业也为圣埃美隆塑造出特殊的建筑景观。

行政长官变身美酒大使

12、13世纪时圣埃美隆制酒业产生革命性变化，原来阿基坦（Aquitaine）的女伯爵艾莲诺（Eleano）嫁给日后成为金雀花王朝的英王亨利二世（Henry II Plantagenet）。这位富有的女士将圣埃美隆及包括今日波尔多的广大土地当陪嫁品，送给英国，自此圣埃美隆隶属大西洋对面的英国管理。三百年被英国统治的时间，圣埃美隆的造酒业迅速发展。1199年时，圣埃美隆被颁布为自由城，城里所有布尔乔亚阶层可自行管理此地区的财产，并可自行推派选举行政官，“市行政官”（Jurade）就是这时期圣埃美隆最高行政官的名称。从12世纪就有的行政长官制度直到18世纪法国大革命时才被废除，然于1948年又恢复这项传统，只不过市行政官再也没有如昔日般的行政职权，而是以圣埃美隆的美酒大使自居，向世界各地宣扬圣埃美隆的美酒；以及每年穿着大红色的传统服装，主持一年一度的新酒发布表及葡萄收成的传统仪式。

英王艾德华一世当政时期，市行政官共有十一个管辖区，担任酒的品管工作。市行政官称这些酒为“荣耀之酒”——因为这些美酒的主要客户都是以英国王室为主的上层阶级。

13世纪，三一教堂兴建于昔日圣埃美隆隐居的山洞（著名的地下墓穴由此进入）。1224至1237年，国王城堡建于圣埃美隆城区的至高点，居高临下，俯视全城。因英法百年战争使圣埃美隆的主权

隐士居住的洞穴里仍有一处小堂，有趣的是，小祭台上的雕像不是圣埃美隆而是圣方济各。据说雕像是意大利的朝圣客所献。

多次易手，1453 年卡司提耳战役结束后，终于结束了圣埃美隆百年来的纷扰，并脱离英国的掌握。

葡萄酒评比

太平岁月并未持续太久，宗教战争接续而来，再度严重打击了圣埃美隆的制酒工业。纵使法王们仍然钟爱圣埃美隆的美酒，而连年战事，势必影响葡萄酒的产量。法国大革命时期废除市行政官制度，制酒工业再受波及，所幸精良的质量使圣埃美隆于大革命后再度兴盛。葡萄藤随着酒业盛况，成为圣埃美隆最醒目的景观，大量的酒窖也在这时兴起，与葡萄园中文艺复兴时期的古堡相呼应。

19世纪的法国铁路通到波尔多地区，尤其是1853年，巴黎的火车直通至波尔多，使圣埃美隆美酒广为流通。在1867和1889年的万国博览会上，圣埃美隆的好酒获得无上的肯定。1884年法国

地下骨罐室。墙面上有图案，而较小的墙面是当年婴儿和小孩埋葬的地点。

制酒同业公会在圣埃美隆成立；同年，酒业贸易公会也在此间成立。1930年法国第一套葡萄酒质量管理系统也在圣埃美隆创立。自此之后，圣埃美隆美酒不只是在法国，甚至在世界各地都获得极高的评价。每隔十年，全法国的美酒公开评比时，圣埃美隆的葡萄酒总是名列前茅。

酒，向来与人类的生活息息相关，世界上有千千万万个与酒相关的美丽传说。就连《新约》里，耶稣所行的第一个奇迹，正是在加纳婚宴上将平淡无奇的水变成令人赞叹的美酒。

葡萄园和石灰石工业为圣埃美隆的景观画下无与伦比的美丽标记。当年来此修行的圣埃美隆应该没料到，这座以他为名的小村镇日后会成为世界上举足轻重的酒业重镇。更有趣的是，圣埃美隆酒农的主保圣人并不是这位僧侣，而是圣维拉利（Saint Valery），他的庆典是在每年的4月1日。

宗教观念随着时代嬗递，当年大显神迹的圣埃美隆，已不再为当地人所谈论，而他的遗骨早在宗教战争时就被誓反教派信徒当作废物般扔出教堂。

右页：科德利埃修院教堂建于15世纪，残存的墙面依稀可见当年的装饰，诸多残存的宗教遗迹显示出宗教在圣埃美隆的盛与衰。

位于昔日圣方济各修道院不远处的布鲁内城门（Porte Brunet）建于13世纪，是圣埃美隆极少数仍留存的城门之一。古老的小城门，看起来只能防御一些较小的战争。

金字招牌

圣埃美隆有不少历史遗迹，然而无论是规模或艺术成就，皆无法与法国境内其他著名的历史建筑相提并论。虽然如此，法国人还是把它们当宝似的拼命向外人推销。完工于15世纪的地下教堂最具代表性，地下教堂之上为大教堂著名的钟楼，高耸的钟楼当年是以地下教堂挖出的石块兴建，地基呈矩形的钟楼与地下教堂的方向并不一致，为此人们可直接从地下教堂拉大钟的绳索摇钟。而昔日村民的洗衣池至今保存良好，但是已没有人在此洗衣。

或许受过昔日宗教战争洗礼，圣埃美隆的宗教活动不比法国其他地区兴旺——连唯一开放的大天主教堂在圣诞前夕也是冷冷清清，昔日多明我会、圣奥古斯丁会、方济各会的修道院不是另有其他用途就是只剩下残存的遗迹。

上左：学院教堂初建于12世纪，附属的修道院中庭及花园至今依然保存完好，只是所属建筑已被观光局利用，不再具有昔日宗教用途，这也是圣埃美隆唯一比较完整的宗教建筑。修道院建于14世纪，原址为罗马式中庭，今日仍保有罗马式建筑的遗迹。迷人的中庭适合冥思，中庭花园也是昔日僧侣长眠的地方。

上中：罗马式的主堂里三处间隔分别有拜占庭式的圆顶。这座教堂半圆顶室里供奉着圣埃美隆的遗骨。学院教堂祭台后的半圆顶室为哥特式风格，屋顶梁柱间正好表达出这样的风格结构。

上右：科德里埃修会是昔日相当刻苦的修道会，坚实信仰也难敌岁月的淘炼，曾经富甲一方的修道院，今日只剩断垣残壁供后人无限遐思。

圣埃美隆所有的一切都与酒有关，就连招牌上都是两名扛葡萄的人物图像。葡萄酒构成了圣埃美隆独特的文化。

真正能使圣埃美隆永垂不朽的是葡萄酒，而不是那些衰败、荒废的古老建筑。只要酒源不绝，圣埃美隆的金字招牌将会继续闪着耀眼的光芒。话说回来，只要一杯好酒下肚，微醺中，什么都好说。或许联合国教科文组织的评鉴诸公，就是受美酒的蛊惑而将圣埃美隆列入世界遗产名录。我何尝不是如此？坐在酒庄前的葡萄藤下，捧着酒杯，轻轻品味着无与伦比的美酒，有种美丽的感觉油然而生。清晨的凄风苦雨与不便，全被我丢到脑后头，想都不愿再想了。

圣埃美隆至今仍有天然的洗衣场，在洗衣机发明以前，每星期仍有职业洗衣妇来此洗衣。

后页：地形之故，某些主要街道崎岖不平，相当陡峭，这些石板街道上的石块，当年都是来自船只里的压舱物。

FABRIQUE
DE
MACARONS
DEGUSTATION - VENTE
Logis de la Cadène
Logis
de la
Cadène
RESTAURANT
Braisée

圣髑？死人骨头？

走访圣埃美隆前，我暂居在离圣埃美隆不远的波尔多市的多明我会修道院。修道院的教堂属巴洛克式建筑，内观金碧辉煌，为波尔多市内占有一席之地的古建筑。

法国大革命后，政教分离，这所古老的修道院多次被政府征收，荒废多年后，波尔多市政府又以相当低廉的价钱，将整个修道院及大教堂租给多明我会，以免古老建筑步上废墟的命运。

在修道院停留期间，我参加修士们的晨祷及夜祷。身为天主教徒，我一直很喜欢这些古老的礼仪；也许是太过习以为常，从不觉得天主教会的古老传统有什么奇怪之处。没想到，这理所当然的习惯，在圣埃美隆时却遇见有趣的文化冲突。

从前波尔多地区被英国统治将近三百年，算是法国境内少数天主教风气不盛的地区。这特殊的历史背景使得圣埃美隆山村的宗教风气淡得可以。当我询问年轻女导游关于圣埃美隆遗骨的下落时，她并不知道我是天主教徒而兴奋地说："宗教战争期间全让誓反教派扔出教堂了。"她兴高采烈地继续说："这些天主徒真恐怖，没事对着死人骨头膜拜，真是恶心死了！你瞧，我们的老教堂上都没有彩色玻璃，当年全叫新教徒拿石块砸了！"

我当下露出了淘气的微笑，因为我落脚的修道院大教堂里，正好供奉某位圣人的圣髑。我反而很好奇：作风保守、笃守清规的教士，会怎么看待这位女孩的评论？

Restaurant La Toscana
Pizzeria
toscana

南锡古城

Chapter 9

三座广场周遭的建筑全为当时风行的巴洛克、洛可可式样，建筑本身并无特殊之处，倒是广场上的铁门，黑金相交，颇具特色。其间还有喷泉，雍容华贵，美不胜收。

兵家
必争之地

靠近比利时、德国及卢森堡等国的阿尔萨斯省与洛林省，因为地理位置特殊且拥有丰富矿产，使得这里成为自古以来的兵家必争之地。1871年起，这两省前后在德、法两国之间易手了四次。

风光明媚的洛林省、阿尔萨斯省与美丽的德国黑森林相邻。南锡（Nancy）位于法国东北方，是法国洛林省的首府。从巴黎搭火车前来南锡约三个小时，继续往东约一个小时车程就可抵达欧洲议会的所在地——阿尔萨斯省的首府斯特拉斯堡，这是另一处联合国教科文组织选定的世界遗产。

前跨页：南锡的哈克夫门。以两座高塔相连的陵堡，是昔日童话中的情景，也是早期碉堡建筑形式的代表。

右页：史丹尼斯拉广场（Place Stanislas）上的建筑已没有当年的功能，今日围绕广场的建筑，有许多已成为著名的咖啡馆，人行道上的雅座深受观光客喜爱。古老建筑新式用途，在此有了完美结合。

自史丹尼斯拉王进驻后，一系列的建设工程终于使南锡成为独霸一方的文教重镇。美丽的史丹尼斯拉广场为这位被放逐的波兰国王留下永恒的标记，广场正中央的雕像原为路易十五，法国大革命后，改为兴建广场的史丹尼斯拉王本人。美丽的广场成功地联结南锡新旧城区，而获得联合国教科文组织的肯定。

AGCP Communication
LA PLACE

异国翁婿宫廷史

1477年，洛林的大公勒内二世（René II）在这里击败来自勃艮第（Bourgogne）的查理后，南锡开始进入文艺复兴时期；洛林大公查理三世于1588年建立新城区，街道规划良善；而真正让南锡大放异彩的时期是18世纪，波兰流放国王史丹尼斯拉·列兹辛斯基（Stanislas Leszcynski）把女儿嫁给法王路易十五后，前来南锡定居。

这位小国王在南锡仗着自己是路易十五的老丈人，盖起了连接新旧城区的宫殿、享乐公园等工程之后，南锡自此成为法国境内重要的文化重镇。美丽的宫殿和广场，完美地连接新旧城区，颇具有现今都市规划的概念，相当有远见。南锡最重要的史丹尼斯拉广场（Stanislas）、卡利尔广场（Carriere）以及联合广场（Alliance）上的喷泉，于1983年被联合国教科文组织选定为人类遗迹，荣登世界遗产名录。

对习于中央集权且历史解读和欧洲全然不同的中国人而言，所读的即便是发生在同一片大地上的改朝换代史，内容大多绕着历代政治得失及兴盛衰败打转，以这样的思维看待欧洲史，当然有误差。例如，昔日欧洲封建社会里到处是国王、诸侯、大公，他们都会有样学样地为自己盖个美丽的宫殿或赏心悦目的花园，若我们以紫禁城的皇宫来模拟对欧洲宫殿的概念，往往会小题大做，因为这些建筑规模和装饰往往不及古代中国社会里一个富商的花园宅邸。以南锡为例，从任何文化古都来的朋友可能很不解这座宫殿及其面积不大的都市规划，究竟有什么得以进入世界遗产名录的魅力？

身为一名报道者，我不应该加入太多个人的好恶及主观判断，却常感到可惜，中国还有很多很多伟大的遗迹，我们除了不知道也不珍惜。西欧，尤其是法国，最值得我们学习之处，应是他们的治学方法及态度。从那些微不足道的遗迹简介来看，少少的几页，却清清楚楚，令人印象深刻。此外，西方人的包装及推销技术更值得保守含蓄的中国人借鉴。

把焦点拉回南锡的宫殿和历史，这一页欧洲地方史相当有趣。1738年，维也纳条约后，丧失王权的波兰国王史丹尼斯拉把女儿嫁

上、右页上：联合广场上的喷泉是为了纪念奥地利与路易十五的结盟所建，喷泉由保罗·路易·加佛设计，为洛可可风格。其貌不扬的喷泉是联合国教科文组织选定的世界遗产。

右页下：史丹尼斯拉广场上左边的喷泉是以希腊神话中的海神为题，神人刺穿铜鱼的场面，相当具有戏剧效果，充满韵律感的雕刻，不愧是同时期的杰作。巴洛克风格的锻铁门是由尚·拉摩所设计，连接数座建筑的铁门两边还有以希腊神话为题的喷泉，以铅材制成的喷泉雕刻，象征葡萄美酒的水源，源源不断地自喷泉瓶口流出。

给路易十五。看在岳父大人的面子和退位合作关系上，路易十五将洛林封给老丈人，让他得以安居乐业。

相较于古老的欧洲，南锡并不算是历史悠久的城市，但是18世纪波兰的流放国王却为这城市奠定永恒的基础。法国大革命时期，南锡所有象征王权的建筑都受到严重的破坏，原来史丹尼斯拉广场的路易十五雕像就是这时被拆下。有趣的是，大革命过后，空下来的位置被史丹尼斯拉雕像所取代。这位国王生前处处巴结法王，不敢僭越他的位置，历史在滚滚潮流转了一大圈之后，仍旧给了他应有的地位。

史丹尼斯拉广场上的锻铁门是同时期工匠艺术的精品，图为广场前方著名却未完工的圣尼古拉斯大教堂。

右页：史丹尼斯拉广场边，喷泉的雕刻十足的巴洛克风情，充满律动的雕刻洋溢着逸乐的情调。

仁慈君王无为而治

在满是波兰和法国大公的围绕下，史丹尼斯拉在此过着乐不思蜀的逍遥岁月。

深受启蒙主义哲学的影响，史丹尼斯拉结交的朋友竟然包括当时的哲学大家伏尔泰（Voltaire）和孟德斯鸠（Montesquieu）等，史丹尼斯拉亦以文明哲学家自居，沾沾自喜。史丹尼斯拉以无为而治的理念治理这块小领土，他的大方、宽容为他赢得“仁慈君王”（Le Bienfaisant）的美誉。

除了开明的理念，史丹尼斯拉的嗜好就是大兴土木，他盖城墙之外，更广为兴建公园、图书馆、医院和学校，这一连串的工程终于使南锡摆脱了邻近大城梅斯（Metz）的阴影，成为独立的新兴科学及文教重镇。

老丈人的都市计划

史丹尼斯拉的原始构想，是使具有行政功能的旧城区连接呈几何状有宽广街道的新城区，进而使南锡成为欧洲最美丽的城市。除了路易十五赐与的天时，当地盛产的丰富建材以及前任建筑师辞世，适巧提供了地利、人和的有利条件。史丹尼斯拉不只是想取悦王室的上层阶级，更想讨好一般民众，所以特别在三个通往市议会的广场附近，兴建医院、剧院、图书馆、餐厅、植物园和公众花园。

这些建筑及其他工程于1752年开始动工，并在四年后几乎全数

完工。庞大的工程全由来自南锡的著名建筑师、装潢大师伊美钮尔（Emmanuel Here de Corny）主导，锻铁门工程由尚·拉摩（Jean Lamour）设计，雕刻由巴泰勒米·吉巴尔（Barthélemy Guibal）和其日后的竞争对手保罗·路易·加佛（Paul Louis Cyffle）负责，这些艺术家全为当时南锡的一时之选。

右页上左：贵为新艺术的发源地，南锡市内有不少新艺术风格装饰的房子。

南锡瑰宝
停看听

若参观过其他法国瑰宝，或许会觉得这几座瑰宝，无论面积、建筑规模和艺术成就，都不算太特殊，尤其是联合广场上的喷泉。然而，对整个南锡都市景观而言，这几处非但能连接起新旧城区，更拥有自身独立的特色，这在欧洲其他城市甚为罕见。

右页下：南锡歌剧院的新艺术风格。二楼入口大厅的大门及地板、墙面，经新艺术风格的装饰，美妙得令人激赏。歌剧院足以容纳千名以上的观众，一年四季，排满各式各样的节目，叫好的节目，往往一票难求。

史丹尼斯拉广场

与18世纪不同的是，今日史丹尼斯拉广场上的建筑全有别于以往的用途：昔日宫殿改为市议会，广场左边的建筑为美术馆，右边为著名的南锡歌剧院，市议会对面建筑则全改为精品店和咖啡馆。

每到夏夜，史丹尼斯拉广场上全为咖啡雅座，周遭建筑则打出金碧辉煌的灯光，来自世界各地的游客，在灿烂星光下品尝美饮，高声谈论人间生活趣事。肥胖的史丹尼斯拉雕像居高临下地俯视太平世界和芸芸众生，若是他地下有知，或许会为当年充满无比理想的造城计划深感为傲。

史丹尼斯拉广场建于当时新旧城壁人行步道的所在位置。顺着原有的地形，三个广场上一栋栋建筑及大阳台、回廊及其上的天使雕像、装饰物繁复而奢华地展开。法国拥有无数壮观和美丽的广场（如巴黎协和广场），却鲜少有一座广场能像史丹尼斯拉广场这样，整个建筑工程巧妙地融入现有景观，并且能顾及都市发展的功能。

广场白天是主要交通干道，广场外围的马路上车水马龙。夜晚，尤其是夏天时，史丹尼斯拉广场全是咖啡雅座，禁止车辆通行，人

右：史丹尼斯拉广场上的歌剧院，为波兰王18世纪时所兴建。这座美轮美奂的歌剧院，在欧洲占有一席之地。歌剧院里有常驻的歌剧团、交响乐团，近年更增加了芭蕾舞团。歌剧院二楼大厅的装饰融合着洛可可及新艺术风格，美妙动人。

声鼎沸。仿佛这片金碧辉煌的广场自天而降，相当特殊，若以“欧洲最美丽的广场”来形容史丹尼斯拉广场都不为过。

城市发展往往是当地权力的具体表现，原本已有自己货币、法律系统的南锡，在这一系列建筑完工后，几乎已成为独立的首府，而不再只是一座地区性城市。史丹尼斯拉广场正散发出这种微妙的政治气氛。

史丹尼斯拉广场主建筑昔日是宫殿，今日已改作市议会大楼。而在这栋建筑的两旁，分别是昔日的主教宫及今日依然在使用的南锡剧院。

右页：新艺术风格是指当年艺术家与相关工商业结合，因应新潮流的一种艺术表达方式。可惜的是，因其造价昂贵而无法带动大规模的流行。然而南锡新旧城区（甚至郊区）都可以看到新艺术风格影响的痕迹，哪怕是一扇门、一片墙，特殊的风格很容易就能被辨识出来。

凯旋门

为了维持这微妙的政治关系，南锡名义上是独立的邦国，真正幕后大老板却是路易十五。为此，史丹尼斯拉在兴建首府时，仍知道自己地位而不敢太过造次。为了讨主上的欢心，史丹尼斯拉在昔

入夜的史丹尼斯拉广场，在灯光照耀下，金碧辉煌得令人眩目屏息。

除了家具之外，彩色玻璃更为新艺术最喜爱的艺术表达形式，直到今日，新艺术对彩色玻璃的制作仍有相当深的影响。

今日仍流行于市面且风格明显。此外，彩色玻璃更为公共建筑大量采用，这些当时以实用角度出发的产品，今日已成为小心呵护的艺术珍品。

除了部分与日常生活相关的灯饰与花瓶，新艺术在欧洲没有普遍流行，主因是：虽然艺术思潮强调与生活结合，却造价不菲。然而，南锡新艺术仍为西欧19世纪末及20世纪初的艺术风格留下见证，尤其是玻璃艺术的发展，在艺术史上更留下了浓重的一笔。

布葛列之屋（Bregeret House）的主人19世纪末时以明信片生意发迹，他以新艺术风格建设、装饰自己的新居，这栋房子的内观比外观有趣许多。布葛列之屋里精彩的木家具，整体设计还算迷人，然因其奇特造型无法大量产销，使得艺术家与工商业相结合的理想，终是无法成功。

左：南锡最顶级的 EXCELSIOR 餐厅里的装潢，是新艺术风格另一个著名而成功的例子。在此用餐、欣赏艺术，是相当愉快的经验。

艺术与生活

多次前来南锡，主要因为这是法国友人雅克·凡第诺（Jacques Fantino）神父会院的所在地。这里靠近法国的西北方，我每次在德国东部工作时，总会抽个时间到此来看看神父。

我们在南锡宫廷广场喝咖啡、啤酒。这里看起来并没有比法国其他著名广场特殊或迷人，于是，我几次对他说："连这个地方都能列入遗迹之林，真是奇怪，尤其是介于两座广场之间的喷水池，竖看、横看，就是没什么了不起。"

没想到，神父的观点全然不同。

这位对自身文化深以为傲的神父认为：这座遗迹在城市规划和设计上，都有不可多得的原创概念。神父虽然拓展了我的思维，但我仍未能参悟此间的旨趣。

我很好奇当地人看待该地遗迹的态度。法国人会保护遗迹，却不会把遗迹供奉在殿堂里，让人觉得高不可攀。然而，当南锡大学生把这里变成超现实的人力赛车广场时，万人空巷，我还是觉得相当诡异。

南锡除了因为列入世界遗产名录而扬名于世，更是法国境内20世纪最重要的新艺术发源地。城里许多地方都看得到艺术潮流留下的痕迹，或是一扇窗，或是一道门，甚或一片彩色玻璃，这些当年颇前卫的艺术作品完全融合在生活空间里。

南锡人像无价之宝般费心保存及发扬这些所剩不多的艺术作品，这和我们喜欢拆除老东西的习惯实在很不一样。

斯特拉斯堡旧城区

Chapter 10

位于德法边境的斯特拉斯堡，是昔日兵家必争之地。数度毁于战火的斯特拉斯堡，是今日“欧洲议会”所在地，具体象征欧洲一统与追求和平的愿望。

德法
边界城

走访法国世界遗产，最后在德、法边界的斯特拉斯堡画下本篇的句点，除了巧合更有特殊的意义：这座1988年荣登世界遗产名录的古老城市，有占地广大的旧城区，更是如今欧洲议会的所在地，具有承先启后的象征意义。

斯特拉斯堡所处的位置正是欧洲大陆中央的阿尔萨斯地区。这地区地理位置特殊，过去几百年来都在德、法间摆荡，主权数度更易，17世纪中期以后陆续换了五次国籍，直到第二次世界大战结束后才真正成为法国领地。

在错综的历史背景下，阿尔萨斯人有着浓厚的法国心以及务实的德国情。然而，他们内心深处似乎更愿意强调自己是阿尔萨斯人，政治上虽然不求独立，却更希望脱离两大强国的掌控。于是将商讨欧洲各国共同命运及利益的欧洲议会，设置在阿尔萨斯境内的第一大城、自古为兵家必争之地的斯特拉斯堡，应是再恰当不过了。

前跨页：斯特拉斯堡的小法国区风光明媚，原来建有屋顶的古桥，如今只剩下三座14世纪的桥塔。这座造型特殊的桥塔，当年曾作为防御之用。

右页：桁架建筑在斯特拉斯堡的小法国区处处可见，几乎已成为斯特拉斯堡旧城区的招牌景致。

斯特拉斯堡旧城区四周被伊尔河（L'il）环绕，幽静的水道，加上古朴的中世纪建筑，古城风光令人回味无穷。

RUELLE
DES ROSES
TAVERNE DES TANNEURS
Lohkäs

斯特拉斯堡的悲惨世界

斯特拉斯堡自青铜时代起就有人居住。公元前12年成为罗马帝国的要塞之一，因为靠近贯穿中欧及南欧的莱茵河（the Rhine），很快成为工业发达、人口稠密的地带。

451年从外地迁徙来的法兰克人、勃艮第人、哥特人毁灭了这座要塞，并在5世纪末并入法兰克王国，逐渐发展为一座城镇。

大约在同一时期，法兰克国王以基督教思想渐渐取代异教徒信仰。8世纪加洛林王朝时期，教会更投入大量人力、物力扩建这座城市。19世纪全欧洲最高的建筑物斯特拉斯堡大教堂，就是在此时奠基。

斯特拉斯堡大教堂，一柱擎天，为哥特式建筑。只有单一钟楼的大教堂，在19世纪，是欧陆最高的建筑物。

自由城市

至13世纪，斯特拉斯堡开凿接通莱茵河的运河，使它的经济地位骤然提升，一百多年之后更成为连接南北欧的十字路口。往来于莱茵河上的木料、酒、棉花、布料、鱼和牲畜等货品，为这座城市带来大量财富。

为稳定财源，神圣罗马帝国皇帝赋予斯特拉斯堡无数特权和免税措施，使它愈来愈自给自足，并在15世纪成为一座由公会成员治理的自由城市。

那儿有光

16世纪，斯特拉斯堡率先支持反罗马天主教会的誓反教派进行宗教改革。这项开放的举动，使它成为新教思想的温床，大批思想家、宣道家从瑞士、意大利和法国涌入斯特拉斯堡，加深了其文化内涵。

在众多的涌入者之中，最著名的是西方发明活字印刷术的古腾堡（Gutenberg），这位来自昔日日耳曼境内美因兹（Mainz）的发明家在斯特拉斯堡居住了十二个年头，他所发明的活字印刷对西欧文明及知识的传播影响甚巨。著名的古腾堡广场立有这位发明家的雕像。

西方活字印刷的发明人古腾堡，当年从美因兹迁到斯特拉斯堡来避害。他是第一位以活字印刷印制《圣经》的传奇人物，堪称是西方最早的媒体工作者。19世纪才树立的古腾堡像，站在他所设计的印刷机旁，手上拿的正是他冒着高压危险印制的《旧约》，上面写着拉丁文："那儿有光"。

从自由到集权

17世纪"三十年战争"后，斯特拉斯堡被并入法国，从自由城市变成为中央集权的城市，宗教思想和经济都受到极大的震荡。18世纪爆发法国大革命，斯特拉斯堡陷入空前的混乱与危机。1807年8月15日普鲁士进军斯特拉斯堡，经过连串的猛烈炮火，斯特拉斯堡大教堂起火燃烧，整座城市陷入火海，烧了三天三夜。同年10月，斯特拉斯堡又被并入普鲁士版图，直到第一次世界大战之后才回到法国人手中。

1944年，斯特拉斯堡再度被德国纳粹兼并，并遭到盟军无情的轰炸，牵连许多建筑和无辜受害者。在大战结束后，阿尔萨斯人终于依照自己的意愿，使阿尔萨斯成为法国领地。

跃升为
欧洲之家

1958年，欧洲经济、原子能和煤钢三个共同体所组成的大会，决议以法国阿尔萨斯境内的斯特拉斯堡为欧洲议会的会址，称为“欧洲之家”，与位于卢森堡的“欧洲中心”各为一半会议的会场。欧洲议会的产生，是欧洲国家在第二次世界大战后，有鉴于各民族为自身利益相互残杀，导致整体经济、文化伤害至巨。这些惨痛的教训使他们意识到彼此不可分割的命运，因此促成各国进行合作，先推动经济统一，再达成政治共识，免于重蹈覆辙。经代表们努力推动，欧洲各国终于在1993年开始步向统合之路，奠定斯特拉斯堡永久的和平契机，告别过去的纷扰与不安。

过去悲惨的痕迹，在战后迅速恢复的市容中已不复见，而耸立着斯特拉斯堡大教堂和无数古建筑的旧城区，更被联合国教科文组织列入世界遗产名录。

右页：斯特拉斯堡旧城区一景。斯特拉斯堡为昔日兵家必争之地，是今日欧洲议会所在地。旧城内古迹大多是在战火后依原样重建，也显示了法国对文化遗产的重视。

小法国区是斯特拉斯堡最迷人的地方，这儿的房舍大多有相同的结构，以许多呈“X”型的木头支撑着第二层甚至更高的楼层。在众多古老建筑中，以当年皮革商的房子最为迷人。

ANCIENNE ET MODERNE
ANTIQUITES

今日为欧洲议会所在地的斯特拉斯堡旧城区内有不少迷人、富有特色的建筑，欧陆期盼已久的和平终于在幽静的斯特拉斯堡具体实现。

如今游客拜访斯特拉斯堡，除了欣赏运河上的古桥和两岸风光外，不能错过的，还有本篇哥特式大教堂巡礼中介绍的斯特拉斯堡大教堂。

纵然有傲人的历史建筑，如今便捷的交通穿梭于地面与地下，新颖的现代建筑一幢幢开工兴建，斯特拉斯堡已成为不折不扣的现代都会。

20世纪90年代对外开放的现代艺术馆隔着河岸与小法国区相对。在一连串现代建筑中，最出色、壮观的莫过于河岸边的欧洲议会大楼，626位来自各国的代表和近千位行政人员，每隔两年到这里行使议会所赋予的权力。

斯特拉斯堡大教堂缺一角的尖塔再也没有完工之日，但新颖美观的欧洲议会却会骄傲自信地站在世人面前，让人体会和平的宝贵。

文化相对论

位于德法边界的斯特拉斯堡近两个世纪以来前后易主四次，19世纪拿破仑进驻斯特拉斯堡时，整座城市数昼夜全陷入火海，连一柱擎天的斯特拉斯堡大教堂都未能幸免。那种景象，唯有《圣经》里的“地狱之火”堪以形容。因此，这座美丽城市里的古迹几乎全是后来修复的。游客（甚或欧洲年轻人）若能知道这段历史就很难得了，遑论了解战争给城市带来的浩劫。

边界，在欧洲共同体形成后已成过去式。就在上个世纪末，游客想穿越边界到四公里外的德国黑森林，都得乖乖地申请德国签证；而今可能无意间就进入德国境内而不自知。昔日所有有形的边界措施仿佛自人间蒸发，已不复见。

欧洲那种谋求合一的文化心态，令至今仍努力争取独立的亚洲人感到讶异。历史自有其步伐，国家主义概念是欧洲人近代的产物，在同一个文化根源下，欧洲大陆能够“分久必合”应不难理解，但是经数次血腥战争后仍愿意寻求谋和之道，实在值得我们细细推敲及深思。

在斯特拉斯堡，有机会和当地年轻人谈及欧洲共同市场时，我问：“是否担心经济落后的会员国会影响其他富裕大国的发展？”没想到，这名年轻人和其他加入讨论的人都认为：对他们来说，从不同文化里找出对谈之道、形成共识才是值得关心的事。这种观念出乎我的想象。这样的响应，让我相信，欧洲对人类文明的发展应该能有更多贡献。

Lübeck 吕贝克
Potsdam 波茨坦
Goslar 戈斯拉尔
Quedlinburg 奎德林堡
Weimar 魏玛
Aachen 亚琛
Köln 科隆
Brühl 布鲁尔
Bamberg 班贝格
Trier 特里尔
Würzburg 维尔茨堡
Speyer 施派尔

Part 3

德国文化遗产行旅

Chapter 1

亚琛及科隆大教堂

当人们进入教堂内，在有限的世界里，仿若有股庞大的磁场，引领着人们思考历史、文化、宗教，甚至生命等庞大议题。这或许就是所谓的“历史压力”吧！

文化结晶
与宗教建筑

宗教深深影响着欧洲文化，欧洲众多著名的文化结晶完全反映在各类型的建筑物上，其中最显著的就是无所不在的大教堂。

德国境内的宗教建筑，以早期的罗马式建筑和晚期的巴洛克式教堂最具代表性，例如著名的施派尔大教堂、特里尔大教堂，都是赫赫有名的罗马式建筑。

在众多来自不同时期的宗教建筑物中，最特殊者当属距离科隆市（Köln）约一小时车程的亚琛大教堂（Aachener Dom）。这座大教堂既不是罗马式亦非巴洛克式，也不为国人所熟悉，其风采几乎全让艺术成就不怎么高的科隆大教堂（Kölner Dom）给遮蔽了。然而，当1979年联合国教科文组织世界遗产委员会成立时，德国第一座进入世界遗产名录的是亚琛大教堂，而不是名声更响亮的科隆大教堂——后者迟至上个世纪末才获得世界遗产委员会的肯定。

前跨页：历史自有其线条与定见，科隆大教堂通身内外犹如一首气势磅礴的石头交响曲。

相传亚琛大教堂正门上的狮子没有铜环，是被为取得人灵、盛怒的魔鬼拔走的，这是个流传已久的故事。

亚琛
大教堂

从外观而言，亚琛大教堂看起来确实不比科隆大教堂壮观、有趣。尤其是后者雄踞于莱茵河畔，巍峨的建筑，无论是高度或体积，确实能让从教堂下方仰望的人震慑得半天说不出话来。所谓的“数大便是美”与艺术价值不见得成正比，这论点用来比较这两座大教堂，再恰当不过了。

或许在体积上，亚琛大教堂无法与科隆大教堂相提并论，但无论从建筑本身或艺术成就而言，亚琛大教堂却遥遥领先后者。尤其特殊的是，它与欧洲历史有着直接而密切的关系。原来，这座大教堂是公元8世纪统一欧洲、被加冕为神圣罗马皇帝的查理曼大帝的皇家教堂。自公元936至1531年，共有三十位神圣罗马皇帝在此加冕。

亚琛大教堂初建于加洛林王朝，是德国境内第一座列入世界遗产名录的大教堂。

查理曼的皇家教堂

在今日渐趋整合的欧洲，昔时以“统一欧洲”与“余之帝国凭基督之名再生”思想创立查理曼帝国的查理曼大帝，从未自历史洪流中消退。他所兴建的亚琛宫廷礼拜堂（即今之亚琛大教堂），更被后世启蒙运动者称为“黑暗时期”里最灿烂的一颗明珠。

查理曼大帝与罗马天主教历史息息相关。他是欧洲历史上第一任被罗马教皇加冕为“皇帝”的君王，这一创举为欧洲千年的政教系统结下历史的宿命。

欧洲中世纪时各个兴起的君王不时地与罗马教皇争夺世俗的权力，层层神权与世俗皇权交织而成的特殊历史缘由，使得亚琛大教堂不同于欧洲其他著名的教堂。

在亚琛大教堂里，世俗皇权的光彩几乎夺走了建教堂是为了歌颂上帝的原始动机。纵使大教堂以不可一世的艺术装饰，保住了上帝的尊严，然而查理曼大帝加冕时的御座，仍从二楼居高临下与祭台相对地俯视整座教堂。此外，查理曼大帝的金棺仍供奉在大教堂的唱经席内。为此，日耳曼人（甚至今日的欧洲人）只要提到亚琛大教堂，首先想到的不是基督或圣母，更不是错综复杂的天主教，而是直接以“查理曼的教堂”来看待这座初建于8世纪加洛林王朝时期的大教堂。

右页：主堂高37.4米，地基5.8米，墙壁厚1.75米。在查理曼时期，是北欧地区最高的建筑。八角形主堂上方覆盖了一座圆顶，以八扇窗户支撑，其下两层拱廊各有十六根柱子，最上层的柱子当年直接由意大利进口，在罗马式建筑中呈现全新的基督教帝国的象征。

经过严密的计算，亚琛大教堂的空间数字尽可能符合《圣经》的隐喻；此外，大理石地板的图案更是精彩无比。

DEUS HOC TUTUM STABILI FUNDAMINE

耸立千年的大教堂

亚琛大教堂的建筑结构，包括西正面尖塔、中间八角形主堂、后方哥特式唱经席以及主堂周围的中世纪礼拜堂，整座教堂从屋顶到地板都是细致而伟大的艺术精品。

至14世纪中叶，亚琛大教堂以当时流行的哥特式风格兴建紧邻祭台后的唱经席，经天才设计师的精心设计，将唱经席巧妙地与加洛林时期的八角形主堂相结合。

唱经席内拥有无数的艺术瑰宝，例如镶嵌彩色玻璃的梁柱，梁柱间有中世纪使徒、圣母、查理曼大帝的雕像，屋顶下吊挂着美丽非凡的双面圣母像，以及缀有无数宝石的讲道坛。

亚琛大教堂于19世纪时以马赛克重新大肆装饰了一番，而今，这座已在地球上耸立十余世纪的大教堂，只是尽力维修而不再添加任何新的装饰。

右页：经查理曼大帝亲自监工的大教堂，金碧辉煌，处处显示帝国的荣耀。祭台自加洛林时期就坐落在此，正前方的金色装饰，由十七片大小不等的浮雕组成，这些以“最后的审判”为题的浮雕，制作于公元1000至1020年间。

八角形圆顶给人光芒从天而降的错觉，悬垂的大吊灯则象征天堂般的耶路撒冷。圆顶的马赛克重制于1880年前后，承继着中世纪的原作内容，描绘《启示录》中记录的二十四位智者带着他们的王冠向基督朝拜。

良好的采光，使得亚琛大教堂从各个角度看来都美得令人赞叹，难怪它是德国境内第一座进入世界遗产名录的古迹。

历史的气息与魅力

主堂二楼西面，安置着查理曼大帝的御座，象征他至高无上的权力。

右页：1355年，亚琛大教堂拆下紧邻着八角形主堂后的小回廊，改以当时流行的风格装饰，经五十五年完工。这座哥特式唱经席，将所有的力量往屋顶集中，轻巧的空间感与瑰丽的彩色玻璃使其赢得“亚琛玻璃屋”的美誉。

伟大的古迹，常常会散发出一种浑然天成的历史气息，一种无法模拟、复制和言喻的文化氛围。走访过欧洲许多古老的教堂，亚琛大教堂就是其中少数能拥有这种魅力的著名教堂。我们不需要了解其历史背景，也不用去细窥它的建筑风格，只要进入呈八角形的主堂里，从上至下、自左而右环视一周，马上就能领略这座宗教建筑的不凡。

对熟悉帝王风采的中国人而言，这座教堂的气势或许无法与中国某些专属帝王的名刹古庙媲美。但若将整个历史坐标推溯回古老的一千多年前，当欧洲大陆仍在蛮族互相倾轧的混乱中，竟然会有一座教堂能以十足入世的手法呈现出一种凛凛于天地之间的灵气，的确是此世代的一个异数。

科隆大教堂

西欧的哥特式大教堂中，可能没有一座像科隆大教堂这样，给人一种凌驾一切的巨大之感。

法国的哥特式大教堂虽然庞大，却仍洋溢着一种女性的温柔，而德国的科隆大教堂则充满桀骜不驯的阳刚霸气。

位于莱茵河畔原德国首府波恩北方的科隆大教堂，面积仅次于罗马的圣彼得大教堂，是地球上第二大的教堂。如果你是搭乘火车前往科隆，绝对不会错过这座大教堂，庞大的教堂就坐落在火车站的南边，所有来到科隆的人只要出了车站，都会被眼前这庞大的建筑物吸引。

一直以来，富裕的科隆市也因为这座大教堂而赢得“天国之城”的美誉。在知名度上，科隆大教堂往往压过了其他哥特式大教堂，包括有哥特经典建筑美誉的沙特尔大教堂；究其原因，应该不是艺术上的成就，而是它的气势。

前跨页：八角形主堂周围是上下两层回廊，当阳光从窗户透进时，仿若透明的灯笼，而墙面石柱上的装饰极富有韵律感。

右页：入夜后的科隆大教堂在灯光下呈现一种神秘的气息。广场前的尖锥状雕塑是大教堂南塔塔尖的模型，公元1880年10月15日当这座塔尖安置于南塔顶端时，兴建近七个世纪的大教堂终于大功告成。

科隆大教堂大门入口右侧的“圣母恸子像”，是该教堂最杰出的收藏之一，优美的线条使这座庞大的雕像充满韵律感。

前跨页：科隆大教堂西正面入口的门面装饰着许多精致的雕刻，虽然带有浓郁的古典风格，却是不折不扣的19世纪作品。

左页：教堂外部的雕刻以使徒、圣者、魔鬼、得救的人与受审判的人为主。

后跨页：屹立在莱茵河畔的科隆大教堂，走过数百年的时代更替与战火烟硝，仍然坚持着初建时的古老信念俯视人间。

东方三博士的圣髑

科隆大教堂能成为罗马天主教会中最重要的教堂，主要原因之一，就是中世纪时为了提升教会的地位，科隆的大主教不远千里，从意大利米兰夺取传说中东方三博士的遗骨。根据《新约》的描述，这三位圣者从东方长途跋涉来到圣地，向刚出世的耶稣圣婴朝拜。后来继任的主教还征召当时最好的金匠，花了近半世纪工夫，打造出至今仍是大教堂里最重要的镇堂之宝——三博士圣髑盒——来安奉这三位圣者的遗骨。

除此之外，教会又陆续获得其他圣人的遗骨，自此科隆的地位更加提升，不但自诩为“日耳曼的罗马”，更在大主教的领导下，着手重新建造规模更大的教堂。

当时负责设计大教堂的建筑师深受法国哥特式建筑风格影响，选择与亚眠大教堂相同的布局，为科隆大教堂画下蓝图，但除了维持哥特式建筑特色，其他不论在规模或装饰上，都比法国任何一座哥特式大教堂来得宏大夸张，甚至超越当时欧陆所有哥特式建筑攀登到无可逾越的高峰。

数百年的建堂沧桑史

13世纪才开始兴建的科隆大教堂，在同类型哥特式大教堂中可谓起步相当晚。当法国的巴黎圣母院及沙特尔大教堂都已完成献堂时，科隆大教堂才正准备开始动工，且进度相当缓慢。开工后两百年才进行到西正面南塔的第一层楼以及正门（彼得之门）的装饰。

16纪中叶由于财源枯竭及文艺复兴思潮的兴起，在一片崇尚古希腊罗马的声浪中，原本视为光荣象征的哥特式建筑竟被讥为“落后野蛮民族的艺术”。至此开始，科隆大教堂工程完全停顿，庞大的建筑便像只独角兽般突兀地伫立在莱茵河畔。19世纪，当法国占领科隆时期实行政教分离政策，更导致大教堂面临成为废墟的命运。

风行于19世纪的欧洲浪漫主义，为大教堂带来了重生的契机。在一股提倡复古的新思潮中，哥特式建筑终于得到公平看待的机会，科隆大教堂也在这股思潮中得以重新复工。花了近七世纪才得以兴建完成的科隆大教堂，应算是地球上最后一座兴建完成的哥特式大

沐浴在阳光中的科隆大教堂内部。

左页：西正面圣母之门楣上的雕刻，拥有生命大权的基督高高地坐在三角尖拱的顶端。

教堂。

19世纪当新哥特主义崛起时，只有科隆大教堂真正承继了这两种相距数百年的建筑风格，将荒废了数世纪、初建于13世纪的古老大教堂整个兴建完成。

但也像所有新哥特式的教堂一样，整座建筑偏重理性的架构，却少了古典哥特式最迷人的温厚情感；在科隆大教堂内外漫游，整个空间除了巨大还是巨大，如果信仰只有意志力而没有感情，会是相当空洞的。

20世纪两次世界大战时科隆市区几乎全毁，当年一群工作人员以血肉之躯，甘冒生命随时殒灭的危险留守在此，随时准备扑灭因炸弹而引起的火花。而今这座大教堂终于跨越千禧年，进入21世纪，它仍是德国境内最宏伟的宗教建筑，更是无可取代的德意志精神象征。

历史
思考之道

罗马天主教的教义来自传统的《新约》和犹太教《旧约》，但在不同时代却有迥然不同的解读及表现方式。为此，在西方社会里，来自于相同信仰的各个教堂却衍生出相当不同的风貌，而亚琛和科隆大教堂，正代表着昔时日耳曼地区不同时代的杰出例子。

文化遗迹的美妙之处正在于此，它能让人顺着这些轨迹读出那一个永不重复的时代面貌，甚至藉此遁入时光隧道与当时的人们对谈。以体积庞大的科隆大教堂为例，多少人在初见它时都会啧啧称奇：究竟在什么时代、什么心理下，会让人在一个无论人口、经济和技术都不如现代的环境里，营造出一座如此庞然的宗教建筑物？

德国境内还有无数赫赫有名的宗教建筑，亚琛和科隆当然是不容错过的两座。尤其是前者，当人们进入门内，在那个有限的天地里，仿若有股庞大的磁场，引领着人们思考攸关历史、文化、宗教，甚至生命等庞大议题。这或许就是所谓的"历史压力"吧！亚琛大教堂的内观及艺术品美得不得了，这座大教堂能在德国文化遗产里名列第一，的确是有很多傲人理由的。

下左：科隆大教堂的外部细节，以位于西面的"彼得之门"的年代最古老，更是同时期欧洲最具代表性的雕刻作品。这扇铜门由帕尔雷尔（Parler）家族设计，除了有使徒彼得外，还有三十四位天使、圣人及先知的雕刻；上方的三角面上，则刻画着彼得和保罗的故事。

下右：教堂外单个或成组的雕刻故事，为中世纪大多不识字的黎民百姓提供了最生动的示范教材，完美惊人的石雕细节，展现出艺匠的巧思。

亚琛大教堂探访记

我能够拜访亚琛大教堂可算是阴错阳差的安排。

原先赞助我拍摄科隆大教堂的科隆旅游局，因为当地旅馆完全客满，得知我喜欢参观教堂，于是未经我同意，径自将最后一天的行程安排至与科隆相距只有一小时车程的温泉乡亚琛市，以便参观了著名的亚琛大教堂。

这并不在原先的工作范围之内，我不是很情愿地前往亚琛大教堂。没想到一踏进这座大教堂里，就有股浓厚的历史氛围迎面袭来，让我久久无法自已，这样令人震慑的感觉，只有在法国沙特尔大教堂内的经验堪以媲美。

德国境内很多的古迹由于战争的关系，多是重修回去的。虽然能仔细地修复外观面貌，但不见得能再保有那个时代的精神，就像一具美丽的躯壳，却不再有灵魂。

亚琛大教堂是其中的异数。只要入内就如走进时光隧道般，马上体会到别处所没有的古老气息，难怪是德国境内第一座进入世界遗产名录的遗迹。

行笔至此，我想起初访亚琛大教堂之前，竟对这大教堂一无所知，更不晓得其在历史上的地位。这完全意外地接触，没有先入为主的概念，在这信息泛滥的时代里，这种体验简直如奇缘般难得。为此，有关亚琛大教堂种种，竟像初恋情人般停驻在我心深处，难以忘怀。

特里尔

Chapter

2

整个特里尔洋溢着一股拘谨却不失轻松的风格，很容易让人拉近历史与文化的距离。
品尝了此地特产的葡萄美酒后，再回首，除了丰富的历史，更有一种美好的亲切感。

日耳曼
昔时风华与缩影

位于德法边界不远处的特里尔（Trier）是德国境内最古老的城市。常有人说：“在特里尔城步行两千米，就可以具体领略到这座古老城市近两千年的风华。”此话一点也不夸张。事实上，这座人口不到十万的小城，光是现存的建筑景观就几乎是欧洲公元后迄今历史沿革轨迹的完整缩影。

前跨页：古老的特里尔曾有6.4公里长的城墙，这座有四层楼高的城门是昔日城墙的一部分，而今已成为特里尔地标，约兴建于2世纪后期，为日耳曼甚至是阿尔卑斯山以北最古老、最壮观的罗马遗迹。

公元1世纪中期，罗马帝国在特里尔建城，至今仍存在的罗马古桥、浴室、竞技场、城门，就是此一时期的产物。这些建筑历经千年岁月，依然气势惊人，尤其是已成为特里尔城地标的昔日古城门及城墙，四层的石材建筑至今仍然威风凛凛，颇有气势地雄踞于小城南面。

基督教信仰被罗马帝国皇帝钦定为国教后，原先躲躲藏藏的基督徒开始在殉道者赴难处兴建教堂，日耳曼境内最古老的教堂就位于特里尔城内，这座面积不小的教堂是西欧建筑史上伟大的罗马式建筑之一。而古罗马帝国的行政官员在此时期已被主教、教士所取代，直至19世纪拿破仑的军队实行政教分离政策时，掌权十余世纪的主教大人的世俗权力才告解除。

左：特里尔的建城纪录可追溯至公元前1世纪，而5世纪时，人口已高达七万人。自蛮族入侵后，特里尔开始一蹶不振，直到18世纪时城中也不过数千人而已，今日特里尔已是德国的观光大城。图为城中兴建于1595年的圣彼得喷泉。

右：特里尔城一景。市集广场初建于公元10世纪，是特里尔迷人的景点，每到观光热季，这儿总有川流不息的人潮。

马克思诞生之屋

漫长的政教合一制度使得特里尔城内拥有无数的重要宗教建筑，除了罗马式、哥特式、文艺复兴式，更有许多巴洛克、洛可可风格的教堂及房舍。至于许多发生在西方宗教史上具代表性的重要事件，特里尔也从未缺席。例如宗教改革、宗教战争、捕杀女巫运动，以及耶稣会士来此兴建大学、改革教育，无不关系着罗马天主教会的活力与气势。在社会沿革方面，社会大众则长期与主教、选帝侯、位高权重的行政长官争夺世俗权力。

共产主义的创始人马克思1818年诞生于特里尔，他出生地的房子如今辟建为博物馆，是游客必造访的地点。

因为历史体制不同，我们很难了解这一页漫长的历史及其运作方式。然而看似所有的辉煌全停留在过去的特里尔，竟然没有在步入现代社会的过程中缺席——深深影响半个地球命运的伟大哲学家、共产理论创始者马克思（Karl Marx）就是在特里尔诞生与成长。日后研究马克思的学者断论：马克思生长的年代，正是特里尔在政教分离后最混乱的时期，不少穷人或中产阶级深受所谓“资本家”的剥削，只不过当时的特里尔尚未真正进入工业革命。对马克思而言，很多理论似乎只停留在预言阶段，并没有真正的事实根据。

直至20世纪末，欧洲的共产制度随着苏联的解体而解体，在特里尔的马克思诞生之屋虽然受到完整的保护，却再也见不到往日大批如朝圣般的拥护者。

市集广场上的房舍来自不同时期的建筑，大多为巴洛克风格，在艳阳下显得风味十足。

日耳曼
第一古城

累积了近两千年的文化资产，特里尔以身为日耳曼最古老的城市而自负，却永远不过气。特里尔城内的巴洛克式建筑虽然甚为可观，但其成就无法与其他地区相比，因而未受到联合国教科文组织的青睐。然而联合国教科文组织自这座小城内选出数座遗迹列入世界遗产名录，分别是：古罗马城门（Porta Nigra）、竞技场、浴场、大会堂、著名的特里尔大教堂以及其附属修道院——这些遗迹都是来自十个世纪之前。特里尔城位于交通要冲，近年来已成为德国颇负盛名的观光大城，只要看到雄浑的古罗马城门，对所谓“日耳曼第一古城”之誉就会了然于心。

右页：全为石头建构而成的古罗马城门，当年并没有靠灰泥黏合，细心的人们会发现这座城门似乎没有完工；对古代人而言，实用远大于建筑师的要求，粗犷的特里尔城门将古罗马帝国的霸气表露无遗。

后跨页：这座占地广大的古罗马浴场，迟至20世纪初才被有系统地发掘、整理。

古罗马城门

特里尔在罗马帝国全盛时期，城外有6 400米长的城墙环绕，绵延的城墙中有十七座城塔和四座具军事用途的城门，仅存的古罗马城门就是其中的一座。

这座约四层楼高的城门建于公元2世纪末，全是石头堆砌而成，在四片墙中隔出一片宽敞的中庭。来到中庭，从下往上仰望，足以体会古城门的雄伟气势。整座城门的防御工程经极细腻的设计，除了第一层城门，其余楼层都有挑高的空窗和方便行走的走道。居高临下，掌握大老远外敌人的一举一动，就算是敌人攻进城门，只要进入中庭，就会有如困兽般地被四面八方的守军杀得片甲不留。

古城门在11世纪时在原建筑基础上改建为教堂，在保存完好的石墙上仍可见当年教堂的建筑痕迹。

当年庞大的城门是利用铁及铅混合的溶剂将石头接合而成。罗马帝国结束后，这座城门的石、铁之所以能免于窃贼的盗取或破坏，主要是拜一位日后被封为圣人的隐修者所赐——话说，这位来自希腊的圣人在古城门上独居了七年。至11世纪初，罗马教皇依这座城门兴建著名的修道院，顺着原有的结构，城门改建为教堂，从依然保存良好的图画上，实在很难看出这座雄伟的教堂竟然是架构在古城门之上。而城门能还原成当年的初始模样，则是来自拿破仑的命令，当他抵达特里尔城时，下令将所有不属于罗马时期的建筑拆除。为此，使得这座古城门有机会脱离宗教束缚，重现当年丰采。拿破仑不喜欢宗教，却懂得如何利用宗教管住那些他认为难以管教的黎民百姓。

在法国大革命之前，特里尔是日耳曼境内著名的宗教重镇，影响整个西欧的法国大革命运动，并将对宗教的仇视带到日耳曼境内。这段时期，几乎所有属于教堂及修道院的财产及宝物全被没收，包括有二十几座著名的宗教建筑也被拆下供作他用。

竞技场是特里尔另一处著名的古罗马遗迹。竞技场远古的样貌大多已不可考，而今所见为19世纪考古开发的结果。

竞技场

特里尔的古罗马竞技场建于公元1世纪，就像其他古罗马竞技场一样，这座竞技场当年也不是为了艺术活动而兴建。整个竞技场约75米长、50米宽，有容纳两万人左右的座位。在竞技活动遭禁止后，竞技场的某些部分变成昔日城墙及城门。经考古学家的努力复原，这座为青草覆盖的竞技场成为怡人的公园，不复当年的杀戾之气。

浴场

另一座著名的古罗马遗迹就是古罗马浴场。浴场东西向长260米，南北向长145米，从西至东分别为：冷水池、温水池和热水池。这座古浴场从未完工，然而考古学家却能从依稀犹存的结构中推论出它当年的豪华与富丽。后人经常形容罗马不是一天建成的，特里尔的古罗马遗迹何尝不是给人如是观感？尤其特殊的是，这些遗迹位于阿尔卑斯山以北，实在是相当壮观的惊人成就。

上右：巴拉丁大礼堂，初建于公元4世纪，是座巴西利卡式的会堂，西方最伟大的皇帝之一君士坦丁大帝曾在此加冕。

巴拉丁大礼堂

最特殊的古罗马遗迹，当属巴拉丁大礼堂（Aula Palatina）。这座由君士坦丁大帝亲自监造的建筑，为欧洲最伟大的古罗马建筑代表，长65米，宽28米，高约30米。

在古罗马时期，整栋建筑物内墙全以大理石覆盖，地板则贴着黑白相间的瓷砖，自西朝东，有着半圆顶室的建筑，是后来西欧大教堂的原始制作范本。而且，这座罗马式的大会堂至今仍具有宗教用途，造型简单而不若传统天主教堂般有许多装饰，反之，则是把建筑的绝对功能发挥到极限。若不是特意去强调它原本建立的年代，这座建筑物，无论从外或内看起来都相当具有现代感呢！

特里尔大教堂

后跨页：第二次世界大战时，巴拉丁大礼堂严重受损，而今修复后的建筑看起来仍相当具有现代感。

若不刻意强调古罗马遗迹，特里尔最受世人喜爱的，当是特里尔大教堂（Trierer Dom）。

罗马式的大教堂在西欧建筑史占有一席之地，这座大教堂的原

始结构应是由君士坦丁大帝所兴建，一系列各式用途的大会堂中的其中一座，而今教堂的结构则自11世纪大主教波伯·冯·班贝堡（Poppo von Babenberg）当政时期才开始扩张。大教堂内观有来自各个不同时期的艺术装饰，不似法国罗马式的修道院建筑，厚实中带有一股敦厚之气。当年日耳曼的罗马式建筑或许因蒙受帝王钦定，使其庞大的规模中总是散发一股帝国的霸气，特里尔大教堂也是如此。

至于大教堂里的艺术装饰更是从罗马式延续至19世纪，尤其是圣坛附近的艺术品，更有源自于11世纪者。

上左：罗马式的建筑向来以浑厚、结实著称。特里尔大教堂的内观像极了一座大会堂。这座初建于公元4世纪的大教堂，是日耳曼境内最古老的教堂。

上右：伟大的特里尔大教堂内有数件伟大的艺术作品，其中不少杰作是名人的陵寝。图中这座寓意深远的雕刻，是位拥有重大权力的人物身旁站立着嘲笑他的骷髅，传达出人难逃一死的命运。

圣母
大教堂

紧邻特里尔大教堂旁的圣母大教堂（Liebfrauenkirche）也是联合国教科文组织选定的人类遗迹，这座教堂是日耳曼境内最古老的哥特式建筑之一。大教堂外观从上方看，像是个有等边距离的十字架，不似法国哥特式建筑藉由许多飞扶壁于外墙上渐次承受屋顶的重量，圣母大教堂的屋顶重量全集中于自外向中央聚集的拱肋。圣母大教堂被13世纪的人们视为是“新耶路撒冷”再现，整座教堂在每一个建筑细节上巨细靡遗地表达出这个理念。例如，堂内的十二支柱子象征基督的十二位门徒；彩色玻璃则为高耸的空间营造

右页：与特里尔大教堂相连的圣母大教堂，兴建于13世纪，是日耳曼境内最古老的哥特式大教堂。

维尔茨堡主教宫

Chapter 3

法兰肯的首府，闻名全球的白酒产地，举世皆知的观光大城，尊重自我传统的历史名城，这就是——维尔茨堡。

第一次
亲密接触

抵达维尔茨堡（Würzburg）时已是午后近黄昏时，天气不好，阳光与乌云捉迷藏，为了把握有限的阳光，我把行李一丢，就赶紧带着相机直奔离旅馆不远处的主教宫（Würzburger Residenz），开始工作。

金黄色的光线中，主教宫在背后暗蓝色乌云的衬托下，像是传奇电影中黄金打造的宫殿，巴洛克建筑那种夸张华丽的风情，在这风雨欲来、极富戏剧效果的片刻表露无遗。令人忍不住喟叹，都已经近三百个年头了，这座以巴洛克经典风格进入世界遗产名录的建筑物，真是实至名归，名不虚传。

身处主教宫前，我仍忐忑不安地思考着如何进行下一步的工作。原来，当地的旅游局迟迟无法为我取得主教宫内观的拍摄许可。虽然贵为旅游大国，德国境内有许多古迹仍然操纵在主持者的手上*，半官方的旅游局只能莫可奈何地看别人脸色，不得其门而入。隔天清早，在旅游局人员的陪同下，我展开如簧之舌对现任“宫主”晓以大义，经一番游说后，终于获得拍摄内观三小时的许可——这可是维尔茨堡主教宫破天荒第一次的专业摄影开放。我并未被这殊荣冲昏头，反而万分称幸，借着摄影之便，几乎是特权般近距离地浏览主教宫内每一处雕金砌玉、美不胜收的房间。

前跨页：世俗与宗教两股权力的结合，成就出在秩序中热情奔放的巴洛克艺术，维尔茨堡主教宫堪称个中翘楚。兴建于18世纪的主教宫，是当年维尔茨堡政教领袖、大主教的居所，整体建筑洋溢着巴洛克风采，内部装潢则呈现洛可可风的精致，一派繁复、华丽的风格，赢得了堪比绮丽天堂的欣羡赞誉。

右页：主教宫的南面建筑与花园一景。南面花园以维也纳风格为主，采用不规则的线条、图形，打破对称，弯曲的步道、三五成丛的树木，形成如图画般的景色。

皇家大厅的天顶壁画以12世纪在维尔茨堡举行结婚大典的腓特烈大帝为主题。只是将画中为腓特烈大帝证婚的主教面容，换成了维尔茨堡当年的大主教格瑞芬克劳（Bishop Greiffenclau），带有歌颂重要政治人物的宣传意味。

* 德国虽然算是观光大国，但有很多的古迹仍属当地的文化部门管辖，为了保护遗迹，这些单位不见得会为了提倡观光而开方便之门。

罗曼蒂克大道

德国南部有两条闻名全球的垂直观光路线：横向，从海德堡到今日布拉格的城堡大道；纵向，则是令人神往的罗曼蒂克大道，每年吸引全世界万千的游客，这条一路到福森天鹅城堡的美丽道路，起点就是著名的维尔茨堡。

维尔茨堡位于德国中部偏南，美因河（Main）由北向南贯穿，西岸是一座高丘，东岸则为平坦密集的城区。

前跨页：昔日的维尔茨堡与波茨坦、德累斯顿并列为日耳曼最美的三座古城，方圆不大的小城内有无数美丽的建筑。

右页：主教宫的东南两侧各有宫廷花园，为精雕细琢的主教宫增添悠闲与气派。东面花园呈现浓厚的意大利风格，讲究对称、垂直，步道间则饰以喷泉、阶梯和雕像等。

小布拉格

这座自古与波茨坦、德累斯顿并列为“日耳曼三大名城”的小城，如诗如画，像极了小了一号的布拉格。

维尔茨堡在规模上无法与布拉格相比，但是坐落于美因河上，连结城堡与旧城区的古桥，几乎是布拉格查尔斯桥（Karlsbrücke）的翻版。就连古桥两边，都像查尔斯桥一样，林立着以圣人为题材的雕像。

黄昏向晚，当天上星星开始亮起时，伴随着旧城区教堂传来的钟声，维尔茨堡与布拉格一样，都让人有种身处古典情境的美丽感觉。

主教宫的阶梯大厅，充满世俗的荣耀，以希腊主题的雕像为这大厅增添光彩，伟大的建筑设计师，在这儿留下了最伟大的签名。

地狱之火

这座今日看来完美无瑕的城市，在20世纪遭遇过最残酷的伤害，1945年3月16日（德国正式投降前的一星期）晚间，英国主导的盟军对德国境内进行报复性轰炸。有一组载满一千多吨弹药包括燃烧弹的轰炸机，朝着维尔茨堡方向而来。短短十七分钟的轰炸，燃烧弹产生作用，使得法兰肯（Franken）境内最美丽的古城全部陷在火海里，温度迅速窜升到摄氏一千五百度，五千名居民瞬间丧生。

根据幸存者的描述，那夜，陷入猛烈火势中的维尔茨堡，与中世纪人们所深信的地狱景象并无二致。

这起空袭事件，让维尔茨堡高达百分之九十的面积的建筑物损毁，建于18世纪的伟大建筑物（其中有数座自中世纪起就是艺术经典）竟无一幸免，就连让维尔茨堡名垂青史、号称德国境内最伟大的巴洛克建筑——集众多梦想家及天才艺术家毕生之力兴建完成的主教宫——也同样遭受空前的破坏。

德国在战后一片萧条，然而，德国政府修复历史建筑的脚步丝毫没有放缓，包括维尔茨堡主教宫在内的所有古迹，经过数年后，陆续地从残破的废墟中复兴，再度屹立于天地之间。

皇家大厅里彩色的大理石柱及镶金装饰，是洛可可风格特色之一，而雕像却是来自古希腊、罗马神话中的异教神祇。

细说主教宫

1963年5月，维尔茨堡主教宫浴火重生，对外局部开放。无论是建筑或艺术的成就，主教宫都占有无与伦比的地位，联合国教科文组织于1982年将其列为世界遗产，接受国际社会的永久保护。

为什么小小的维尔茨堡会有这么一座融合宗教及宫殿形式的金碧辉煌建筑?

公元12世纪以前的德国，挂着“神圣罗马帝国”的老字号招牌，但日耳曼早已是个由无数小邦国组成的分裂地区。纵然有些小邦国开始实行初阶君主立宪，绝大部分地区的最高行政权力仍由当地大主教掌控，维尔茨堡的政治领袖及精神领导，不例外地，正是维尔茨堡主教宫的大主教。

这种政教合一的制度源自于8世纪，直至19世纪初拿破仑入侵日耳曼才宣告结束。在漫长的阶段性历史过程中，维尔茨堡又以主教宫的兴建到完成的历程最引人瞩目。

巴洛克美学

公元16世纪，巴洛克风格在罗马诞生，并于1600至1750年风

维尔茨堡主教宫西正面建筑。在清澈的夜空下，闪耀着灿烂的光芒。

行到法国、英国及西班牙。对生活在21世纪的人们而言，实在难以理解世俗权力如何与超世的宗教结合。正是这种看似矛盾、恰如人格分裂般的组合，成就了在秩序中热情奔放的巴洛克艺术。

曾经有建筑学者认为：巴洛克世界就像是一个大剧场，每个人都扮演着特殊的角色，艺术在巴洛克时代具有举足轻重的地位，它的图像成为一种互动的交流手段。这个逻辑相当直接且容易被未受教育者采纳，为此，巴洛克艺术不注重铺陈历史，而专注于超现实图像，并生动地以写实的手法表现出来。

这项主张，在刚结束宗教战争的日耳曼地区，被教会全面接受与发扬。因为代表旧势力的罗马天主教权力大受挑战，无所不用其极地想唤醒誓反教派的“迷途羔羊”重返“慈母圣教会”的怀抱。而充满世俗性荣耀的巴洛克美学，正好符合时势需求。

动态的开放世界

讲求“宏伟、夸张、不自然”的巴洛克建筑，以罗马建筑为基础，而比罗马人的建筑更耗时费工，并在建筑内外增添许多繁琐的

1750年，维尔茨堡主教以十分高昂的代价，聘请意大利知名的壁画家乔凡尼·巴蒂斯塔·提埃波罗（Giovanni Battista Tiepolo）来此献艺。画家与他的弟子以三年的时间，在主教宫里留下两幅巨型杰作，其中以阶梯大厅的天顶壁画最著名。这幅18米×30米的作品是世界上最大的天顶壁画，成为巴洛克时期的代表作。

巴洛克建筑，里里外外的装饰巨细靡遗，图为主教宫正门左侧的花园大门入口的装饰。

装饰。例如，洋溢着古典色彩的天顶壁画、镶嵌黄金及银丝的教堂圣坛、各种彩色的大理石，以及华丽的镜子。

在当时，这种绮丽且热闹的建筑风格，普遍受到各地统治者的喜爱，并视之为权力与富裕的象征。如果将文艺复兴形容为“以几何秩序控制静态的封闭世界”，那么巴洛克则是以扭曲线条构成动态的开放世界。罗马天主教会中举足轻重的耶稣会创始者圣依纳爵（St. Ignatius Loyola）更借助想象与移情作用，描摹救世主的圣德懿行，将信仰教理视觉形象化的意图推向高峰，成为一种取信群众的手段。

玛利恩堡要塞

维尔茨堡的历史可溯至公元8世纪，罗马天主教在此设立大主教职位之后，开始大规模兴建城市。当时大主教所居住的宅邸，位于美因河的一处高丘，周围环绕着森严的城墙，庭园的尽头还有一座圆形屋顶的玛利恩教堂,因此这儿被称为“玛利恩堡要塞”（Festung Marienberg）。

至18世纪初，著名的勋伯恩（Schönborn）家族成员约翰·菲利普·法兰兹（Johann Philipp Franz）当选为维尔茨堡大主教。当时美因河东岸城区日渐扩大，为了能更有效地统治该地，他将行政中心迁移到城区内的一座小城堡，与玛利恩堡要塞隔河相望。然而，这座小小的城堡无法满足热爱艺术的法兰兹主教，于是他在当政的第一年里，拨出了一笔庞大的经费，征召日后被誉为伟大建筑师的巴尔塔萨尔·纽曼（Balthasar Neumann）着手设计，为维尔茨堡主教宫的建设工程奠基。

任何伟大的建筑成就往往不能只归功于某位原始建筑师，维尔茨堡主教宫当然也不例外。当巴尔塔萨尔担任主教宫设计时，不过是名三十二岁的年轻人，而且刚完成建筑设计的训练。就如同文艺复兴时期的尤利乌斯二世与米开朗基罗之间的关系，识才的法兰兹主教全心委任巴尔塔萨尔进行设计，因而成就了欧洲顶尖的古典建筑。

美梦成真之境

除了其中一间椭圆形教堂具有宗教性的主题外，整个占地广大的主教宫，由内而外（包括宽阔的庭院）都相当入世并且讲究逸乐。对于将天国想象成豪华宫殿的信徒而言，富丽堂皇的主教宫，无异是美梦成真的天堂写照。

美轮美奂的维尔茨堡主教宫采用巴洛克式样兴建，外观的豪华程度虽然不如内部，却也不乏许多繁复的雕饰。其主体建筑呈П字形，正前方是“白厅”（Weißer Saal），后方是“皇家大厅”（Kaisersaal），两侧为皇家起居室，右前方有座宫廷教堂（Hofkirche）。

而位于主教宫东面及南面的宫廷花园，占地面积足足有宫殿的三倍大，它在主教宫开始兴建二十五年后才动工。这座室外庭园足足花了将近四分之一个世纪才呈现出初步的规模。原本设计师巴尔塔萨尔属意法国式庭园，但因受限于地形，无法建成左右对称的面貌，因此将东面花园设计成意大利风格，南面的花园则洋溢着维也纳宫廷花园色彩，充满了不协调的美感。

前跨页：巴尔塔萨尔设计这座宫廷教堂时，将原本呈四方形的空间以三个拱形圆顶变成活泼优雅的椭圆形；室内以彩色大理石镶嵌，浮贴金色壁饰，天顶有画家鲁道夫·毕斯（Rudoph Byss）的壁画，四周则为雕刻师安东尼奥·伯西精致的灰泥浮雕，使教堂充满韵律感。

右页上：主教宫内的绿瓷漆室（Grünes Prozellanzimmer）装修于公元1769至1772年间，为晚期洛可可风格，是最具原创力的房间。美丽的拼花地板和家具都是由班贝格城的一流工匠制作。

右页下：白厅里的天顶壁画是约翰·席克（Johann Zick）在1750年以希腊神话“诸神的盛宴”和“休憩中的黛安娜”为题所绘，为洛可可风格的代表作。

走进主教宫内观

这座建筑的成就无与伦比，但就如同人间任何一项重大工程，常因人事的不协调而延宕多年，甚至差点胎死腹中。经历了一连串诸如夺权、谋杀等惊悚事件后，维尔茨堡主教宫终于能在开工后的三十年后兴建完成，且在全欧包括意大利、法国、荷兰等国杰出的艺匠通力合作之下，创造出全日耳曼境内最好的洛可可装饰的宫廷内观。

历经战火的摧残，修复后的主教宫订定严格的参观规定，除了少数开放自由参观的大厅外，其余部分则要求游客依循专业的导览路线集体前进，无法随意行动。

昂然天顶

经过一番费神的外交折腾后，我总算进入维尔茨堡主教宫。首

先映入眼帘的是巴尔塔萨尔所设计的华丽阶梯，阶梯尽头顶端是一片长30米、宽18米的巨型拱顶，其上还有意大利著名的壁画大师所绘的天顶壁画，尺寸堪称世界第一等。

如今看似轻巧的天顶，在当年，除了参与工程的设计师与画家之外，其他人都担心整个天顶会塌陷。然而，它却躲过了第二次世界大战无情的轰炸，至今挺立不坠。

天顶壁画具有寰宇的宏观视野，以欧、亚、美、非四大洲为主题，但是画中人物的表现方式迥异，位居于世界中心的欧洲人仍显得较具文明教养，其他各洲的人则洋溢着一种猎奇般的异国情调。这种唯我独尊的优越感，表现在后来的几百年，正是欧洲对其他地区的基本态度。

穿过阶梯大厅，进入主教宫正中央的白厅和皇家大厅——这里的天顶壁画华美瑰丽，尤其是白厅如波浪般的拱形柱廊，将洛可可轻巧、富变化的特性发挥得淋漓尽致。当年，宛若一国之君的大主教，便是在此招待他的贵宾。

右页：皇家起居室第一客房一景。这间房间主要是供高阶层的宾客拜访之用，内部装饰再现晚期洛可可转向新古典主义的过渡风格。

镜厅

经过皇家大厅，就是位于大厅两侧的皇家起居室。

皇家起居室总长160米，隔成十几个大小不一的房间，各有不同名称，例如，以装潢材料命名全为镜子所环绕的“镜厅”，或以名

白厅天顶壁画特写。主教宫内的艺术装饰充满了特殊的异教风格。

人为诉求的“拿破仑之室”*。每个房间的装饰都极尽奢华，其中以近代修复的镜厅最具代表性。

第二次世界大战时，维尔茨堡主教宫与德国其他历史建筑一样，宫里的艺术品能拆的拆、能搬的搬，全部移到安全的地方。当工作人员来到这间从天花板到墙壁全镶有金边、绘有彩色图案的镜面房间时，才一动手，巨大的镜面应声而裂，在场的人只能默祷这件艺术杰作远离战火的浩劫。

然而，战争结束前的突袭，将整座镜厅化为乌有，直到20世纪70年代末期，有一对父子档艺匠耗费十二年，才将镜厅按照原有数据完成修复。

皇家起居室出自欧洲各地最好的工匠之手，结合国际团队的成果，成就了洛可可的代表作。皇后觐见室除了天花板装饰经过整修外，大多仍保持原本的模样，墙上的织锦画挂毡为维尔茨堡主教所有，其他家具则为维尔茨堡木匠所制作。

右页：镜厅是维尔茨堡主教宫最绚丽、传奇的房间之一。这间富丽堂皇的房间，以今日眼光看来，真是俗丽非常，看得人眼花缭乱。

宫廷教堂

偌大的主教宫内最具宗教气息的地方就是宫廷教堂了。巴尔塔萨尔设计这座教堂时，将直角改以三个拱形圆顶呈现，成就了活泼生动的椭圆形宫廷教堂。

教堂内部以彩色大理石镶嵌，浮贴金色壁饰，天顶有维尔茨堡画家绘制的壁画，墙壁则布满维尔茨堡雕刻师的灰泥浮雕，许多繁

* 拿破仑入侵日耳曼，占领维尔茨堡期间，曾入住主教宫，其下榻的房间被称为拿破仑之室。

复的装饰使得小教堂洋溢着剧场般的韵律感。可以想见，当年举行宗教节庆活动时，是种多么令人兴奋与期待的经验！

带有宗教意味的神圣教堂，其椭圆形的设计仍然相当迎合世俗大众对艺术的品味，为典型的巴洛克趣味。让人无法想象，信徒如何能在眼花缭乱的环境里静心祈祷默想？

拿破仑之屋的装饰极其奢华，就连墙壁上小巧的挂钟也是十足的巴洛克风格。

艺术无国界

在一篇短短的文章里，我实在不愿意像教科书般引经据典地描述每一处细节。身为中国人，我却相当敬仰这些德国的天才大师，他们能在浑沌不清的历史洪流中，以自己的才情，配合着当时的艺术潮流，为后世人刻画出如此清晰动人的作品。

说好只准拍摄三小时的工作，却被我延伸至六个钟头。为了把握时间，我连中饭都省略了。黄昏时，当我和导游又饿又累地瘫在宫前喷水池旁，内心仍为眼前所见而感到激动，无法平息。我仍记得，为了增强曝光，工作人员破例为我拉开室内厚重的窗帘，将光线引进房间后，巴洛克、洛可可繁复又不失高雅的装饰，绚烂得令人不敢直视。

能与主教宫内伟大的艺术精品如此亲密地接触，内心岂是感激或荣幸堪以形容？

我不禁想起早晨对维尔茨堡宫主讲的话："我尊敬你维护遗迹的苦心，但艺术是属于全人类的，我相信营建主教宫的前人，肯定会欢欣地对异国子民开放，以亲近欣赏它的风采，进而体会文化艺术的美好！"

难缠的宫主这时将行政官印一盖，我就如神游太虚梦境般。而那经由艺术洗礼的美好感觉，此刻却仍震慑我心，令我无法自已，久久难以回神。

微醺
盛宴

维尔茨堡观光局新上任的媒体经理，是位地道的乡下姑娘，她在我抵达后的某个周日傍晚与我约在旅馆大厅见面。受限于天气，我趁着仅有的阳光工作，当约会时间逼近时，我不情愿地放下工作，气喘吁吁地对她说："新闻资料给我，晚饭就免了！"没想到她回答："你总是要吃饭啊！"当时身着短裤的我再问："我需要换衣服吗？"这位美女竟不讲话，只是不安地看着地板。"我十分钟内换好衣服就下来……"

维尔茨堡的传统美食与美酒真是人间极品，微醺中，我觉得若只是为了工作而错过这个约会，日后，我将不会原谅自己。

用完餐，她陪我前往主教宫前拍夜景，在极有情调的古迹巷道中，我不知如何报答她，便献殷勤地唱了《窈窕淑女》(*My Fair Lady*)里的一首情歌。当我陶醉地展喉高歌时，这位美女竟害羞地从我身边像触了高压电般跳开，她吓坏地说："天啊！我们德国人绝对不会在街上高歌，明天全城都会因为一位东方人为我唱情歌而在背后指指点点。"街灯与美酒的迷蒙，让我隔着街一路尾随她，继续唱："我不在乎路人对我的观看，因为我就在这条你住的街道上……"真是恰巧又有趣。

观光局小姐的矜持和夸张外放的巴洛克形成对比，我相信在巴洛克巅峰时期，这位姑娘应是金碧辉煌场景中一位不起眼的旁观者，绝对不敢乱有自己的主张；而我，在那幽静的巷道中，反而像极了主教宫里那些矫情作态、奔放无比的巴洛克雕像。两相对映，不禁莞尔。

布鲁尔宫殿

Chapter 4

当历史化成烟尘往事后，这座沉静的白色宫殿和美丽的花园，静悄悄地，宛若一朵盛开的青莲……

宁静风华

我站在布鲁尔宫殿（Schlösser Augustusburg und Falkenlust）全为大理石打造的玄关大厅里，放眼望去，阶梯就像是只展开双翼、鼓足气力、振翅飞舞的蝴蝶。犹如当年初访此地的贵族，此刻的我被眼前景象惊艳得说不出话来。

前跨页：介于科隆与波恩之间、布鲁尔镇上的布鲁尔宫殿，是德国境内著名的巴洛克建筑。

右页：呈冂字形的布鲁尔宫殿内有数十间装潢精美的房间。图为宫殿东面一景。

除了一般的石柱，阶梯两旁的柱子外层，全为健美、面带微笑的石像所包围，庞大的阶梯就仿佛扛在这些巨人肩上似的，轻巧无比。

从阶梯下方往上望去，水晶吊灯轻盈地悬挂在绘尽人间盛事的天顶之下，整个空间在如此富丽装饰的氛围下，宛若一座大型剧场，让人情不自禁地扮起中世纪的贵族，开始装模作样，搔首弄姿。

放慢脚步，拾级而上，阶梯两旁装饰着花纹的铁栏杆，像极了一首轻快的协奏曲，让人仿佛听到了轻妙的巴洛克、洛可可乐音。若能在这奢华的空间里举行一场化妆舞会，那简直是“此景只应天上有，人间难得几回见”的最佳写照。

布鲁尔（Brühl）位于前西德首府波恩与科隆之间，这两座城市相距不远，前者是昔日首府更是著名的大学城，后者更以一座通天的哥特式大教堂闻名于世。而布鲁尔却像世外桃源般躲在这两座大城及浓荫密布的森林之间。虽是火车必经之站，迷你的布鲁尔却仍刻意维系住自己的生活步调，不受外界干扰。或许是对宁静的向往，布鲁尔宫殿不似其他巴洛克宫殿外观奔放豪情。然而，令人不解的是，这座宫殿已列入世界遗产名录，却仍保持低调，不愿被闲人叨扰。

呈几何图形的花园，洋溢着十足的理性色彩，美不胜收。

鹿园

在19世纪德意志未统一前，境内有近三百个封建邦国。这些蕞尔小国非但有自己的货币和不同的律法，更让人无法理解的是，这些小邦国的首领，有的是掌握世俗及宗教大权的王子主教，有的是封建领地的公爵，更有的是握有选举皇帝大权的选帝侯。

“神圣罗马帝国”的招牌已在这片古老的土地上挂了数百个年头，然而，皇帝在这个时期并没有什么权力，甚至在大多时候还得小心观察赋予他皇帝职权的选帝侯脸色。这种各自为政、错综复杂的历史体系里，会产生日后有如童话故事般的城堡、精致非凡的宫殿应不至于让人感到意外。布鲁尔宫殿就是昔日某位选帝侯的宅邸。

原有“沼泽”之意的布鲁尔，森林密布，早年是贵族游猎嬉戏之地。自公元13世纪起，这里就是科隆大主教的领地，而在有“鹿园”之称的地带里，历任有权有势的大主教及选帝侯纷纷在此兴建有防卫用途的城堡和宫殿。

右页：布鲁尔宫殿阶梯大厅从北向南望的壮丽盛景

无所不用其极是巴洛克艺术的特色，繁丽、壮阔、夸张、富有戏剧性，就连身入其境者都会成为整个剧场的一部分。图为宫殿餐厅及音乐室的壁饰装潢。

灰飞烟灭的布鲁尔城堡

至16世纪时，布鲁尔城堡已具有相当完备的规格。城堡的面积庞大，并有护城河环绕，城内的建筑规模以中世纪的标准而言相当可观。只是好景不长，法国军队17世纪占领这座城堡，前来救城的荷兰及布兰登堡军队接近此地时，法军除了事先撤出之外，更不愿留下任何战利品给敌人——于是一把火彻底摧毁了这座在中世纪还有一席之地的城堡。就像当时选帝侯描述的："因为那无可挽救的大火，城堡内所有的屋顶及木造结构，全部化为烟灰。"

18世纪初叶，选帝侯约瑟夫·克莱门（Joseph Clemens）在西班牙继位战争结束后，终于有时间花费心思整修位于波恩的住所。

顺着情势，约瑟夫开始着手整建布鲁尔城堡。为了省钱，他只打算在严重受创、靠近鹿园的南面废墟上，依着现有的结构，重建一座简单的乡间之屋，包括有办公室及其他房间的主要建筑，两旁顶多再加两排整体呈⊓字形的建筑物即可。为了能直接往返城堡与波恩的住所，他希望能将莱茵河的河水引到此地，以便直接乘船。

然而碍于财政的关系，约瑟夫的许多梦想并未实现，反倒是后来的继位者——他的侄子克莱门·奥古斯都（Clemens August），以多样的艺术风格将这里装饰为日耳曼境内最具代表性的宫殿，成为他最喜爱驻留的居所。

前跨页：巴洛克建筑强调帝王的奢华富丽之气，而最彰显这种贵气的地方正是每一座建筑物入口处的玄关阶梯。整座布鲁尔宫殿，就是因为拥有一座著名的玄关阶梯而在建筑史上留名。

右页上：布鲁尔宫殿内所有的房间都经过精心设计，为了配合季节，呈⊓字形的宫殿分为南、北向，分别是夏季和冬季居室，其中面向花园的夏季居室以较清凉的白、蓝色系为基调，冬季居室则以温暖的黄色系为主调设计。图为夏季居室的一景。

古时宫殿的所有房间都靠走道相连，越往内走越隐秘，是皇室的居所，若没有特殊身份将难以登堂入室，所有的接待室几乎都接近玄关阶梯的位置。图为南、北向房间走道一景。

布鲁尔宫殿

克莱门·奥古斯都出生于1700年，是巴伐利亚选帝侯之子。这位年轻人自幼在父亲的调教下，很快地展开自己的政治生涯，获得极高的声望。对克莱门来说，兴建布鲁尔宫殿的两个主要原因是他喜爱这块美丽的地区，以及宫殿能具体象征出他的治理王权。

日后，奥古斯都过世后，爱戴他的子民编了这么一首歌来纪念他："身着又蓝又绿的克莱门·奥古斯都大公在他如乐园般的宫殿里享受神仙生活。"

右页下：奈波慕教堂（Nepomuk Kirche）位于宫殿第二层的东南角，这座类似小房间的礼拜堂采用青色和红色纹样绘制出大理石样，在画像外围饰以金边，非常亮丽。

浮华年代

布鲁尔宫殿就像大多数重要的建筑一样，历经了各式各样的比稿、修改。几番折腾后，布鲁尔宫殿在废墟遗址上依当时风行的巴洛克风格兴建。其中著名的建筑家巴尔塔萨尔·纽曼为宫殿设计的玄关阶梯，至今仍引人注目。两层楼高的宫殿里有六十几间大大小小的房间，当年全出自杰出的艺匠之手。

布鲁尔宫殿及花园幽静得令人屏息，尤其是南面占地极广的法式庭园，将花草布置成几何图案，有如地毯织出般，园内还有喷水池，极具美感。漫步在绿荫夹道的小路上，仿佛时光倒转，重现当年在这里的惬意生活。难怪军事强人拿破仑恨不得这座宫殿能装上轮子，随着他四处迁徙。

昔日的宫殿建筑，以今日眼光看来，并不会比现代房舍舒适，尤其是这些一条通的房间几乎很难有隐私；再者，庞大的空间里，净是虚华而不实际。

在宫殿全盛时期，每当有重要晚宴时，宴客大厅的二楼竟然出售座位，提供一般大众在此观看上流社会的用餐情景。得以想见：见过上流社会用餐的人事后会如何兴高采烈、加油添醋地描述王侯的排场！那种带着炫耀的宣传效力，应当比现代任何传播媒体还要来得更生动有力。

物换星移，当宫殿内的贵族消失在历史的舞台后，偌大的房间内，雕金砌玉的装饰从背景变为主体，虽然清晰，却也使得房间有少了

上左：布鲁尔宫殿依季节设计房间，皇室成员随着季节变化分别迁入靠南的夏季居室和靠北的冬季房间，不同季节的房间有各自的用餐室。图为宫中夏季用餐室一景，蓝色的瓷砖壁饰有美丽的图案。

上右：群众室（Audienzsaal）位于宫殿第二层，是布鲁尔宫殿里最富丽堂皇的房间，装潢出自于多位名家，其中天花板的壁画更是洛可可晚期风格的精品。

右页：所有的宫殿内都会有教堂，就连布鲁尔宫殿也不例外，在前方的庭园中有一座迷你教堂。这座教堂以洛可可的风格装潢，内部以贝壳、矿石及水晶装饰，极其精巧。

些什么的感觉。就像以宫闱为题的电影般，试想想：看着那些身着华服、勾心斗角、各怀鬼胎的宫廷贵族在华丽的空间内讨论军国大事或是偷腥调情，该是多么有意思的景象！

乡间小屋

顺着布鲁尔花园再走上一段近两公里的林荫大道，前往另一处同样被列入世界遗产名录、同样是克莱门·奥古斯都兴建的“乡间小屋”（Falkenlust）。

这座被森林围绕的小房子深得奥古斯都的喜爱，屋内的装饰是德国境内18世纪初最好的洛可可代表。尤其特殊的是，内部瓷砖都是以蓝色鹤鸟为装饰，相当雅致。距小屋不远处有一座以贝壳、宝石装饰的迷你教堂，这座洛可可风格的小圣堂，清幽中带着一股凛然的神圣之气。

或许您有机会到德国一游，从南德出发的火车经过波恩，就悄悄地滑过绿荫后的布鲁尔宫殿及花园，直抵科隆。若想窥探布鲁尔宫殿，何不搭乘由两大城所发的慢车，不急不缓，前往领略一场将时空冻结的世外桃源之旅。

离布鲁尔宫殿不远处的“乡间小屋”同样被列入世界遗产名录，躲在离布鲁尔不远处的森林之中，是克莱门·奥古斯都最喜欢嬉戏的地方。据说他常在这训练他的老鹰，仿若选帝侯的世外桃源。

德国境内的巴洛克建筑

德国人给人的严肃印象好像与热情的巴洛克风格无法兼容。但有趣的是，日耳曼境内有不少人类遗迹正是巴洛克建筑，布鲁尔宫殿就是其中的代表。

历史学家认为，米开朗基罗在罗马设计的圣彼得大教堂开启巴洛克先声，尔后，这股建筑潮流传遍欧洲各地。因宗教战争、三十年战争之故，迟至18世纪才在日耳曼兴起。

由于宗教的不同，德国境内的巴洛克建筑风格也显著不同，平心而论，信奉天主教的南方，无论在建筑及艺术方面都要比新教所在地的北方精彩许多。

位于慕尼黑市内由耶稣会所管辖的圣米迦勒大教堂，是阿尔卑斯山以北第一座巴洛克教堂，这座鹅黄色的大教堂，将巴洛克的艳丽风华发挥得淋漓尽致。

建筑往往能反映当地人的性格，德国著名的巴洛克建筑为帝王所建，充满帝王的虚华却更有强烈逸乐的轻快感。在不苟言笑的德国待久了，惊见到明朗的巴洛克建筑，确实有种幻梦般的不真实感。

吕贝克

Chapter 5

有些城市褪去耀眼的光环，消失在历史舞台上，却仍能维系住一丝历久不衰的历史氛围，这种难以用文字形容的气氛，往往如阅读一页传说般令人着迷、神往。

汉莎同盟的历史名城

位于德国北方瓦凯尼兹河（Wakenitz）和特拉沃河（Trave）交会点的吕贝克（Lübeck），北距吕贝克湾（Lübecker Bucht）15公里，南距德国第一大港汉堡（Hamburg）50公里，属于石勒苏益格-荷尔施泰因（Schleswig-Holstein）的一部分。

吕贝克是日耳曼人昔日在波罗的海沿岸最早建立的城市，也是斯堪的纳维亚半岛（Scandinavia）与欧洲大陆之间，以及波罗的海与北海之间最重要的交通要冲，更是“汉莎同盟”（Hanse）的首脑城市。

驱车自任何方向前往，在进入吕贝克城区之前，首先映入眼帘的是城内七座大教堂的尖顶。公元13世纪起在欧洲境内引领风骚数百年的石造哥特建筑物，到了北德，全由红砖块造建。在晴朗的日子里，红色的通天大教堂在蓝色天幕的衬托下，有如黄金打造一般，别有一番风味。

前跨页：吕贝克旧城区是汉莎同盟重要的政经枢纽，为日耳曼最耀眼的明星，操持着北部欧洲的政经动脉。昔日盛景，只能在一幢幢古老的建筑中细细寻觅。

右页：霍尔斯坦门是吕贝克遗迹中最重要的一部分，兴建于1466年，是建筑师兴里希·海尔史泰多（Hinrich Helmstedo）的作品。这座城门当时是为了保卫吕贝克西边入口及入口右侧的盐仓（Salz Warehouse）而建造，城门上有三十座枪座，却从未发射过。

从哥特式到新古典主义，丰富的建筑风格和样式，让置身吕贝克的人犹如走入建筑艺术史中。

CONCORDIA DOMI FORIS PAX

狮子亨利之威

八千年前，石勒苏益格－荷尔施泰因这片区域曾被不同的民族占领。中世纪时，吕贝克周遭罗列着许多具影响力的独立强权，而吕贝克处于这些强权及民间贸易来往必经的海陆要冲，控制着这个区域的政经动脉，是当时波罗的海附近最重要的商业大城。

右页：俯瞰吕贝克旧城区，在一片古建筑群里，在蓝天下耸立的圣玛利亚教堂尖塔特别醒目。教堂曾于1941年遭空袭破坏，但战后已重新修建完成。

活跃于中世纪的吕贝克，历史可追溯到公元11世纪。其间，最有影响力的当属有“狮子亨利”（Heinrich der Löwe）之称的萨克森暨巴伐利亚公爵（Herzog von Sachsen und Bayern），他在12世纪末启建大教堂（Kathedrale），并展开主教座堂（Dom）、圣玛利亚教堂（St. Marien）和圣彼得教堂（St. Peter）的奠基工作。同一时期，狮子亨利开始有计划地设计修筑吕贝克城。吕贝克城如今井然有序的面貌，几乎皆源自于当时的设计。

自由之城

1226年时，神圣罗马帝国皇帝腓特烈二世（Friedrich II）赋予

吕贝克音乐学院附近的古街道，是辨识各时期建筑的最佳地点。这条街上的房子，从哥特到文艺复兴、巴洛克、洛可可、新古典主义一应俱全。

图中为仅容一人通过的骑楼，看似私人巷道的小骑楼，入内后却是别有洞天的小社区。漫步在吕贝克旧城街头，一幢幢老房子向外来者诉说着兴建者的创意和过往岁月。

吕贝克“自由城”的权利，这一项特权使得吕贝克市民得以脱离封爵、主教的管辖，直接隶属于皇帝，并得到发展为商业大城的契机。

然而，因为缺乏中央政权的支持，汉莎同盟并无足够力量与逐渐独立的城邦或国家（瑞典、俄罗斯和英格兰）相抗衡，使得同盟的扩张受到限制；此外，同盟体无法适应某些商业环境的改变。例如，波罗的海青鱼锐减、布鲁日港的淤塞及荷兰船只入侵波罗的海，种种问题，终于使得同盟在15世纪末开始走下坡。1598年，汉莎同盟关闭了位于伦敦的最后一个海外分支机构“汉莎之秤”（Hanseatic Steelyard）。

石勒苏益格 – 荷尔施泰因

1618至1648年的三十年战争，使得日耳曼的经济遭到严重破坏，而汉莎同盟此时形同影子。1669年汉莎同盟召开最后一次会议时，只剩下吕贝克、不来梅和汉堡还顶着这个虚空的光环。

吕贝克的北城门最古老的部分建于13世纪，整座城门完成于1444年，城楼上巴洛克式样的圆顶则完成于1685年。

公元19纪初，吕贝克被法国占领，一向傲然独立于波罗的海的历史名城，再也无可避免地卷进现代历史的漩涡中。1866年，吕贝克加入北德联邦；1937年，汉堡条文终止了吕贝克自由城的权利，使其成为石勒苏益格－荷尔施泰因的一部分。

建筑博物馆之林

第二次世界大战时，吕贝克遭到空前的轰炸。1942年3月29日圣枝主日这天，有将近一千栋房屋以及五座宏伟教堂的尖塔遭到摧毁。

纵使历经这场劫难，吕贝克城内所有13世纪至15世纪的古老建筑，仍超过北德幸存古建筑总和的五分之一。

被毁的吕贝克旧城区承受战后不得当的整修，反而丧失昔日风采。直到20世纪70年代，德国政府及吕贝克人民再度投入恢复旧城景观的工作，经过人们十七年的努力，并考虑到它在汉莎同盟时期的重要地位等因素，联合国教科文组织终于在1987年将位于特拉沃河环绕的旧城区列入世界遗产名录。

吕贝克被护城河环绕，波光粼粼，透着一股其他历史名城少见的空灵曼妙，彰显出一种现代都会所没有的永恒感。

旧城区的天际线

如今前往吕贝克，旧城区饱受摧残的痕迹已不复见，再加上有特拉沃河围绕，在地形上仿佛是座有天然屏障的小岛——早期则必须经由桥梁或堤堰才能进入吕贝克旧城。

旧城区南北约2公里、东西约1.5公里，迄今仍有近三千名居民。窄小的巷道之后犹如小小世界般，躲着许多式样令人惊艳的民居楼、高耸的红砖瓦教堂和铜绿色的尖塔。桥梁依偎在平静的运河上，河岸绿柳摇曳，圣玛利亚教堂于第二次世界大战时掉落地面而裂成数块的古钟，至今仍留在原地，似乎在控诉着战争的残酷与丑陋。

上左：圣灵医院是德国境内最早的公共福利机构，迄今教堂后面仍开放给城内贫困的人居住，教堂里十字拱顶上有13世纪的水彩壁画。

上右：1260年由吕贝克商人所兴建的圣灵医院，原为教堂，后来改成救济院及医院。

汉莎同盟全盛时期，吕贝克的哥特式砖造建筑从最初的原始风格，蜕变成完美的建筑艺术，这一幢幢优美的建筑，成为有形文化遗产，将吕贝克变成一座活生生的建筑博物馆。在哥特、文艺复兴、巴洛克、新古典主义等建筑式样中，吕贝克最显著的特色当属高耸入云的尖塔，自中世纪起，教堂尖塔就已经为吕贝克勾勒出最优美的天际线。

布登勃洛克之家

这座人文荟萃的城市，出过不少具有影响力的人士，其中以《布登勃洛克一家》（*Buddenbrooks*）、《魂断威尼斯》（*Der Tod in Venedig*）等作品扬名国际的大作家托马斯·曼（Thomas Mann）和海因里希·曼（Heinrich Mann）兄弟最为知名。两兄弟的创作灵感几乎都来自故乡的吕贝克，而成为《布登勃洛克一家》背景的“布登勃洛克之家”，在托马斯家族的经营下，如今已成为纪念馆，是许多文学崇拜者的朝圣地点。

右页：圣玛利亚大教堂，哥特式的内观气势恢弘。与法国的哥特式教堂不同，吕贝克全是以砖块兴建而不是天然石块。

特拉弗明德的海滨

吕贝克昔日左右着各海洋要冲的风采已不复见，然而其近郊另一处观光城市特拉弗明德（Travemünde）的海滨，却可真正体会海上贸易的魅力。因为位居海陆交通要道，所有进入汉堡的船只都打此经过。

特拉弗明德海滨的海水颜色浓烈得有如未经雕琢的蓝宝石，在深蓝无际的海平面上，常常可以看到船影点点，慢慢地，小小的船影经由点、线、面，船身突然像摩天大楼似的从眼前经过，几乎像是可用手触摸般贴着岸边而行。更令人惊异的是，体积庞大的船只并没有减速的感觉，一艘又一艘，鱼贯经过，有如飞机降落。这些大船挂满了来自世界各地的旗帜，万旗飘动中让人几乎得以想见吕贝克的全盛时期有多么的丰盛富丽!

右页：布登勃洛克之家，如今是托马斯·曼的纪念馆。洛可可风格的建筑，山墙在小曲线的运用下，显得流畅优美；漩涡状的扶壁，让建筑感觉更精致细腻；仿罗马式的大门，在简单的纹饰衬托下，展现出非凡的气势。

圣玛利亚教堂于第二次世界大战时受到严重的损坏，图为当年自钟楼顶掉落下来的巨钟，除了部分陷入地面外，还有断裂的残块，令人触目惊心。

Anno Dominus providebit: 1758

永恒的名城

如今吕贝克不再拥有汉莎同盟时期的傲人地位，然而这座水天一色的城市，仍是德国滨临波罗的海最迷人的一颗明珠。对偏安于一角的人而言，很难了解海洋文化的活泼与丰富。吕贝克的地理位置非常接近北欧，除了明显的语言差异外，就算把自己想象在北欧境内也不为过——有许多著名的城市就是因着特殊的地理位置而孕育出与众不同的文化厚度。

纵使吕贝克的盛景不在，却风华犹存。当地居民悠闲地在运河上行船，搭配着旧城区里被火红夕阳渲染的古老建筑，简直美得有如一张永不褪色的明信片。建于13世纪的哥特式霍尔斯坦门（Holstentor）刻写着“愿平安赐给此屋及一切众生”（CONCORDIA DOMI PORIS PAX），几个简短的拉丁大文字，岂不是诉说着吕贝克永恒的殷切盼望?

历史会找到新的舞台，属于吕贝克那个强霸一方的时代早已烟消云散，但那些遥远的记忆却依然保留在旧城区内一座座的古老建筑外观上，就像夕阳无限好的黄昏，吕贝克保有的一切并不会因为时空转换而逊色。

前跨页：德国北部的哥特式大教堂大多以红砖块兴建，相当富有特色，以砖块兴建教堂的技术12世纪时由伦巴底（Lombardy）僧侣引进。圣玛利大教堂完成于13世纪，为波罗的海地区哥特式砖造教堂的典范。教堂高耸的哥特式天花板因大量的花纹装饰，显得精巧非凡，教堂内还有一座世界最大的、以机械动力驱动的管风琴。

左：圣彼得教堂完成于14世纪，教堂钟楼顶端是俯瞰大吕贝克地区最好的地点。

右：圣凯瑟琳教堂是北德境内美丽的教堂，典型早期哥特式风格的尖顶窗，造型简单，却展现出平和沉静的气氛。这座教堂如今已改为宗教美术博物馆。

汉莎同盟

任何文明的产生与活跃的经济脱不了关系。繁华的贸易，促使日耳曼与其他国家的日耳曼商业集团基于保护共同的商业利益，而成立西欧史上著名的汉莎同盟。这个拥有武装的商会组织，几乎就是吕贝克的同义词。

随着1226年设立自由城，吕贝克成为汉莎同盟的领导城市。至14世纪中叶起，在吕贝克的领导下，汉莎同盟控制了北海及波罗的海沿岸的贸易活动，诸如布鲁日（Bruges）、伦敦、诺夫哥罗德（Novgorod）、布伦瑞克（Braunschweig）、雷瓦尔（Reval）及卑尔根（Bergen），都纳入了汉莎同盟。

15世纪时，有将近一百六十个城市加入汉莎同盟，使得北欧与西北欧地区，产生了有史以来第一个区域整合经济。

在中世纪时期，汉莎同盟的政经影响力比任何一个日耳曼国家更大，它的军事力量与同时期的王国相较，有过之而无不及。这时汉莎同盟订出了严格的法规，每个成员都得遵守，而且所有成员必须派代表出席会议，其决议对所有会员均具有约束力，任何不遵守决议的城市，将会受到全体会员的抵制。

这一强悍的政经体系，使得北欧和中欧之间城市的交通路线维持畅通。权力巅峰时期，汉莎同盟甚至在1370年向丹麦国王宣战，以争取该同盟在丹麦领土内的权力，而吕贝克此时在同盟中也达到了空前的地位。16世纪以后，随着政治局势丕变，威名一时的汉莎同盟终于走入历史。

忘忧宫

Chapter

6

只有两百多年历史的忘忧宫，以中国人的眼光来看真是年轻，纵使其中的中国情调难以令人认同，然而“忘忧”却是炎黄子孙最向往的生活境界。

在橡树之下

德国首都柏林附近的波茨坦（Potsdam）于公元993年初次获得官方正式命名为“波兹图米”（Potztupimi），意即“在橡树之下”。几个世纪以来，这个小小渔村的政经地位并不重要，文化方面也没有什么特别的发展。然而后来却成为日耳曼的历史重镇——统一德国的著名的普鲁士（Preußen）就是在此发迹。

公元18世纪，当列强觊觎欧洲甚至世界霸权时，德国既不是帝国，也不是主权统一的国家，而是一个由三百五十个诸侯国和一千多个小领地构成的地带。当时境内有两个超级强权：奥地利的哈布斯堡王朝，及普鲁士大选帝侯霍亨索伦（Hohenzollern）家族的布兰登堡王朝。

前跨页：忘忧宫是德国巴洛克、洛可可建筑的最高成就，这座以居家为主的小巧宫殿，是腓特烈大帝生前最喜爱的居所。

右页：忘忧宫朝向花园的一面，装有采光良好的法国式高窗，北墙装饰有三十六位喝得酩酊大醉的酒神像，这些放浪形骸的雕像，象征腓特烈大帝所追求的逸乐气质。

忘忧宫前阶梯两旁的葡萄树。鲜少有人以葡萄园作为庭园的主要装饰，腓特烈大帝破天荒的灵感使忘忧宫有了另类特色。

SANS, SOUCI.

荒野山的避暑夏宫

忘忧宫花园里有近四百尊大理石雕像，几乎都是同时期的杰作，为了长久保存，现多以复制品替代。

普鲁士以强大的军力并吞各小邦国，至三十年战争后，有“军人国王”之称的腓特烈·威廉一世，看上这块布满湖泊的沼泽地，于是在此另建新都。他和他的大臣都冀望将这里建成一个梦土乐园。而真正将这个梦想实现的是他的儿子——自称为“国家仆人”的英明君主腓特烈大帝（Friedrich der Große）。

腓特烈大帝的历史评价相当高，连法国启蒙运动健将——出名难搞的哲学家伏尔泰，都认为腓特烈是一位可爱可敬的人。

腓特烈大帝在位期间，波茨坦获得了空前的发展。这位集各种天赋及兴趣于一身的君王，除了自欧洲延揽一流的建筑师和艺术家装饰新城，更因为自己的艺术喜好，发展出自成一格的腓特烈洛可可风，令所有旁观者激赏。公元1744年，腓特烈大帝在俗称“荒野山”（Wüsten Berg）的城外地区遍植葡萄树，并命令建筑师乔治·文森斯劳西·冯·克诺伯斯多夫（Georg Venzeslaus von Knobelsdoff）依照他的蓝图规划，在此建造占地293公顷的避暑夏宫——忘忧宫（Sanssouci）。

自腓特烈·威廉二世至公元1918年间，德国皇帝都居住在忘忧宫花园里，而众宫殿之首的忘忧宫，是日耳曼境内最美、最具代表性的洛可可建筑。

忘忧宫不像欧洲其他着重于装饰的著名宫殿——盛气凌人的排场，富丽堂皇，却往往让人心生压力，无法久留；反之，这座宫殿的规模堪称迷你、轻盈，内观拥有其他宫殿常见的奢华布置，更有一分其他帝王之家所没有的闲常家居情趣，这恰好符合“忘忧”的命名。

右页：橘园位于忘忧宫左后侧，是一座鹅黄色的意大利文艺复兴式建筑。常到意大利旅行的腓特烈·威廉五世授意将橘园设计成地中海庭园的翻版。

世外桃源，乐以忘忧

在腓特烈大帝的梦想里，忘忧宫是隐密的私人居所，而不是卖弄虚华的宫殿。由于克诺伯斯多夫曾到意大利旅行，并接触过法国当时的前卫建筑师，因此他以一种混合晚期巴洛克及洛可可的风格装饰宫殿内外，使忘忧宫成为德国境内最美的洛可可建筑代表。

绿树成荫的忘忧宫花园里，随处可见的希腊古典雕像、凉亭、楼阁，甚至还有一座洋溢着异国情调的中国茶馆，处处刻意凸显出世外桃源的浪漫主题。在蓝天的对比下，鹅黄色的忘忧宫更加璀璨。

右页：新皇宫用来招待皇室贵宾的是一座冂字形的红色巴洛克建筑。

中央喷水池

腓特烈大帝以葡萄园布置庭园景观，葡萄园分布在忘忧宫前132级台阶两旁的花坛，有别于其他以花草装饰的欧洲宫廷花园。更有趣的是，葡萄架前都有玻璃门的保护，以抵挡北德严寒的冬季。站在台阶上，往下俯瞰巴洛克的大喷水池，美景尽收眼底。

喷水池有个有趣故事。欧洲在18世纪时蔓延着向古典主义致敬的思潮。腓特烈大帝不免俗地命人在忘忧宫不远处的罗马圆形剧场遗迹大兴土木，并将哈维尔的河水引到此地，借着地形使水流在忘

忘忧宫里的每个房间大厅都以同时期最精致的艺术风格加以装饰。图为新皇宫内的某厅玄关。

后跨页：新皇宫位于忘忧宫花园的西侧，这座宫殿的建筑计划在公元1755年出炉，原本构想建在哈维尔河畔，但1763年开始兴建时否定了原始计划，而将皇宫建在忘忧宫花园里。

忧宫前喷出一道大泉。

好玩的是，腓特烈大帝的天真梦想只实现过一次，公元1754年春天的某个早晨，蓄水池蓄积了足够的水后，池中奇迹似的冒出一股微弱的喷泉，但持续不了多久便停止了，直到他的子嗣继位，以蒸汽动力驱动后才使水池如泉涌出。如今的忘忧宫前的大喷水池采用电力驱动，泉水才得以汩汩不断。

上左：新皇宫在公元1763年七年战争后兴建，只花短短六年时间就完工了，象征普鲁士再度茁壮的国势。

上右：新皇宫的大理石厅，上层玄关和下层玄关相似，以红色大理石墙面及白色大理石柱装饰，相当富有特色。

十二间房

忘忧宫的格局对称，长条形的建筑物只有一层楼面，正面中央有圆顶的部分为腓特烈大帝用来宴客的大理石厅，两旁分为东、西翼，建筑物背后还有半圆形古希腊罗马式柱廊环绕的广场。宫内有十二间房间，包括谒见室、国王办公室、寝宫、音乐室等，活泼轻快的洛可可风格在这里发挥得淋漓尽致，美不胜收。黄色、红色的基调，搭配金色的花边，使得这些房间亮丽、热情之外又媚而不俗，相当雅致。

尤其值得一提的是，有几间寝室里的图纹壁纸和窗帘至今仍影响着流行的装潢品味。

酷爱音乐的腓特烈大帝经常在音乐室演奏，更在此创作出四首交响曲及一百二十首横笛奏鸣曲。音乐室里的陈列仍维持当时情景，配合当年流行的洛可可音乐，仿佛重现往日美妙的情境。除了音乐室，另一个深得腓特烈大帝喜爱的房间是图书室。这间图书室

忘忧宫十二间房间内的装饰陈设，是洛可可风格最高的成就。图为腓特烈大帝的音乐室。

大理石厅位于贝壳屋的上方，是新皇宫里最大的房间。这座宴客大厅壁上的绘画以古典神话为题材，出自18世纪法国画家之手；天顶壁画则是由画家查尔斯（Charles Amedee Philippe van Loo）所绘，描述希腊众神欢宴的场面。

现今为了严格控制室内的温度和湿度，参观者只能从门口隔着玻璃窗观望。

除了房间之外，玄关回廊也很可观，在第二次世界大战前，这里挂满了法国洛可可画家华托（Jean-Antoine Watteau）的作品。如今仍挂满了其他艺术家的杰作。

穿越忘忧宫前的中央喷水池大道，往左转，在荷兰花园里有一座腓特烈大帝生前兴建的艺廊，这是德国境内第一座以博物馆概念兴建的建筑，里面展示着腓特烈大帝的收藏品。艺廊正面镶有大型的落地窗，以及象征哲学、历史、雕刻、绘画、地理、光学、天文等一系列人文精神的雕像。里面的124幅画作中，以意大利卡拉瓦乔和佛兰德斯鲁本斯的作品最著名。为了强调整体空间感，这些作品均以密集排列的方式挂在落地窗的另一侧。

新皇宫

除了忘忧宫，整个广大花园里还有数座完成于腓特烈生前的建筑，其中以花园东端的新皇宫最壮观，被腓特烈大帝以“吹牛之作”来形容。这座长220米的宫殿，外墙刻有四百尊雕像，内部装潢极其奢华。

专门用来招待皇室贵宾的新皇宫，是一座呈ㄇ字形的红色巴洛克建筑，中央顶端有一座巨大的圆顶，宫殿原本计划以石块兴建，基于时间及成本考虑，最后以质地较差的石材取代，为日后的维修带来了极大困扰。

上及右页：公元18世纪，普鲁士刮起一阵中国风，忘忧宫花园里的中国茶馆正是这时期的产物。

贝壳屋

新皇宫内有壮观的大厅、洛可可风格的剧院，以及难以计数的精美画作与家具。

在众多房间里有间命名为“贝壳屋”的宴客大厅甚为特殊。这座以大量贝壳、珊瑚、玻璃、珍贵珠宝及化石装饰的大厅，几乎是一座活生生的人造水晶宫。晶亮晶亮的贝壳彻底发挥巴洛克及洛可可的风格，却因为雕金砌玉过头，而使其艺术成就大减。

中国茶馆

公元18世纪，整个欧陆因为喜爱中国瓷器，再加上传教士的宣扬，而刮起一阵无远弗届的中国风。当年腓特烈大帝授权监造的圆形茶馆就是这股风潮的产物。

符合庭园景观设计的中国茶馆，围绕着身着中国服饰的金色西方人物雕像，洋味十足，很有异国情调，成为西欧很多以中国人物为主题的陶瓷作品的灵感来源。

至于园内另有一座较小型的龙屋，房檐上的小龙和建筑物本身反而像是迪斯尼动画里的产物，非常滑稽，算不上艺术作品。

走笔至此，猛然惊觉：忘忧宫着迷中国风之时，正是大清乾隆盛世，比忘忧宫大上数十倍的“万园之园”圆明园，此刻正在如火如荼地进行最后修缮。这两座几乎同时期完工的皇家花园，日后的命运竟如此大相径庭，令人扼腕。

中国茶馆外的雕像。这些看起来不中不西的雕像曾经在欧洲风靡一时，不少西方以中国人物为题的工艺品上都有类似图像，这正是一般西方人脑海中的中国情调。

KASSE

忘忧宫花园

腓特烈大帝过世后，19世纪初期，忘忧宫花园新添几座新古典主义式的建筑，包括柏林名建筑师申克尔（Karl Friedrich Schinkel）设计的夏洛腾霍夫宫、罗马浴池，三位建筑师设计的橘园，以及作为腓特烈六世和皇后安息之处的和平教堂等。这几座建筑内外观都达一定水平，尤其是橘园，是按照文艺复兴风格催生者美第奇家族的罗马别墅兴建，洋溢着浓厚的意大利地中海风情，十足忘忧。

除了每一座宫殿前的花园，还有许多独立的花园，其中以腓特烈·威廉六世为纪念腓特烈大帝而建的日耳曼花园和西西里花园最著名。日耳曼花园内植满了高大的针叶树，沉稳又神秘；西西里花园则以棕榈树、龙舌兰和艳丽花朵妆点出南意大利风情。

今日的忘忧宫花园真的具有忘忧的效果。那一座座精巧的宫殿，柳暗花明又一村的庭园、茶馆、楼阁，典雅怡人，让人误以为人间所有的烦恼全可封锁在绿树成荫的园林之外。

相传忘忧宫旁有座磨坊，每当磨坊运作时，总是干扰到正在阅读的腓特烈大帝，于是他下令将磨坊迁移至他处，磨坊主人一状告进柏林法院，并获得胜诉。于是腓特烈大帝尊重司法裁决，继续饱受磨坊的打扰。无论这则故事是真是假，整个德国境内的人民迄今仍相当尊重这位君王，腓特烈“大帝”便是他的子民对他的敬称。

右页：忘忧宫是腓特烈大帝私人的居所。图为腓特烈大帝用来宴客的大理石厅。

下左：这间客房本属伊丽莎白·克莉斯汀（Elizabath Christine）皇后所有，但是她从未住过忘忧宫，而一直住在柏林的宫殿里。高雅的客房无论从颜色到图案壁饰，都是洛可可风格的最佳代表。

下右：花园里的磨坊风车，为华丽的宫殿增添不少民间特有的活力与乐趣。

重返
哈维尔河畔珍珠

顺着依然明艳的忘忧宫，我们借题发挥，重返腓特烈大帝时期的辉煌，启蒙运动正炙，欣欣向荣，充满远景。历史无法停格，腓特烈大帝身后的欧洲岁月仍波涛汹涌，烦恼不断，以第二次世界大战为例，腓特烈大帝费尽心思兴建的波茨坦市终究严重受创；战后更被锁进铁幕，几乎被人遗忘。

数年前，自前西柏林搭火车往波茨坦不过数十分钟，然而景观却灰暗得令人心悸。东德政府为这座城市带来了不可原谅的空前破坏。这座有“哈维尔河畔珍珠”之誉的城市，几乎被当政者破坏得万劫不复。为了根除普鲁士的过去，一栋栋古典建筑被拆除，新颖却毫无品味的水泥房舍突兀而粗鲁地硬塞在古典建筑旁。

波茨坦火车站前的圣尼古拉斯教堂（Nikolaikirche）对面，盖了座荒谬非凡的新剧院。丑陋无比的建筑，仿佛就像一道无法弥补的刀疤划在波茨坦美丽的容颜上。

腓特烈大帝为自己的乐园取名为忘忧宫——这个名字或许带来好运——这座宫殿花园奇迹似的躲过第二次世界大战。东德政府以腐败帝政的最佳示范为由，刻意保护了整个区域。

当烟硝血腥的岁月都过去后，忘忧宫的艺术价值和与世无争的自在精神，如今再度显现，柏林围墙倒塌一年后，堂堂进入世界遗产名录。

当圆明园只有遗址供人凭吊，忘忧宫依然悠然忘我，明艳非凡。两相比较，怎不令人羡慕？经历漫长纷扰岁月的德国子民，好不容易在上世纪末拆除柏林墙，重新面对忘忧宫花园和一座座美轮美奂的建筑时，那种蒙尘尽露的喜悦心情，让有着同样伤痛经历的异国子民感同身受，喟叹不已。

腓特烈·威廉六世将橘园装饰得颇具地中海风情。图为橘园内树立的腓特烈·威廉六世雕像。

历史的空白感

波茨坦位于德国首府柏林的隔壁。昔日,若从西柏林搭火车前往,顶多只要四十分钟;而从东柏林则不用一刻钟就可抵达。

那年深冬,我在某个铁幕深锁的国度工作,新闻完全被封锁,使我对重大事件浑然不知。待由铁幕出来后,柏林墙已事过境迁,这段绵延数日或数月的新闻竟没有人再提起,就连影像数据都不易取得。没有机会参与这段关系着西方半个世界命运的事件,令我有种很难解释的历史空白感。

多年后,在波茨坦重新与这感觉相遇。这回,竟是发生在有切身关系的西德人身上,他们的经验与我相比只怕更有戏剧性。

我在忘忧宫时与一位旅游局的小姐结伴,当问到她在柏林墙开放那夜的心情时,她回答:"什么都不知道!"

原来,她当时与死党彻夜饮酒聊天,尔后睡得不省人事,隔天早上搭乘地铁上班,却在车站门口见到高大的男同事坐在地上哭泣。她吓坏了。他哽咽地说:"你不知道?柏林墙昨天开放了!"她失笑地说:"你还有心情开玩笑?"大汉继续哭着说:"是真的,你没看到街上到处都是人?"

一时之间,千头万绪涌上心头,旅游局小姐蹲下来准备安慰她的同事,没想到就在她接触到他的手臂时,竟再也不能自已地跟着号啕大哭了。

施派尔大教堂

Chapter 7

没有任何雕刻装饰的外观，没有隐喻，没有象征，
如此的肯定、简洁、有力。
施派尔大教堂展现出十足日耳曼的阳刚之气。

以教堂之名

欧洲有多座古城是以城内著名的宗教建筑得名，例如，哥特经典建筑沙特尔大教堂的所在地沙特尔镇，距巴黎南方近50公里，完全以沙特尔大教堂为中心往外发展。

古老的宗教建筑往往是城市得以发展的源头。位于德国西南的施派尔城也是如此。

站在施派尔昔日城门钟楼上俯视，蜿蜒数里的街道尽头，是比教堂周围古老丛林更高耸的大教堂。世界上没有多少人知道施派尔这座城市，但若提到施派尔大教堂，热爱建筑的人几乎是无人不知，无人不晓。

施派尔大教堂最东面一景

右页：施派尔城的施派尔大教堂是西欧最大的罗马式教堂，为罗马式建筑的典范。大教堂前面的朝圣者雕像点画出此处是中世纪重要的朝圣道路。

施派尔城的灵魂

初建于公元11世纪的施派尔大教堂，是西欧最大的罗马式教堂，更是施派尔城的灵魂。

就像所有的西方大教堂一样，施派尔大教堂得以兴建，同样是与封建背景有关。若不是有权有势的国王、贵族带头支持，如此庞大的建筑物将无从动工。在了解这段历史之前，我们得对日耳曼的历史结构有基本的理解。

在中国，除了改朝换代、群雄割据之际，基本上是个中央集权的国家，而昔日的日耳曼可不是这样。这些各自据地为王的君主、王公、贵族，在格局上自成独立王国，甚至以帝王自居，但若以大中国的历史架构而言，日耳曼境内的小国家，顶多只能算是小封建国。他们并不像中国讲究道统，王公贵族或富有人家不论服装、居家格局都有礼仪上的规定，不能逾矩；相反地，欧洲各个独立的小邦国，尤其是德意志地区内的，经常会出现匠心独具、精致非凡的宫殿，或者是大大小小的教堂、城堡。

前跨页：施派尔大教堂的地下室在光线烘托下，成为大教堂里最美的一方空间。

萨利安王朝

施派尔城的历史应回溯至公元纪年前。直到公元10世纪之前，施派尔城都隶属名存实亡的罗马帝国。至11世纪初期，萨利安（Salian）王朝兴起，第一任皇帝康拉德二世（Conrad II）决定在此兴建一座世界最大的大教堂。然而却迟至1061年，他的孙子亨利四世（Henry IV）登基时，这座大教堂才得以献堂。

施派尔大教堂完工二十年后，亨利四世大张旗鼓地重新整建这座大教堂。当亨利四世逝世时，长134米、高34米的施派尔大教堂成为当时西欧最大的教堂，是西方世界重要的朝圣地。随即登基的亨利五世（Henry V）将他父亲及先人的遗骸迁入大教堂内，永保安息。

施派尔大教堂之所以重要，是因为西欧少见如此巨大的罗马式建筑，整座大教堂具体呈现萨利安王朝的野心与企图。图为大教堂北面侧廊由东往西一景。

右页：施派尔大教堂是同时期西欧最大的建筑物，更是西罗马帝国境内最辉煌的建筑物。这座大教堂的主保圣人为圣母玛利亚及圣司提反。

世纪烽火

就像西方所有的著名建筑物一样，不断的征战，使建筑物很难保持当年的原样，施派尔大教堂也不例外。这座萨利安王朝时期最伟大的建筑，在1689年被入侵的法国军队彻底破坏，连地窖内的萨利安王朝坟墓都被打开。

经过一个世纪后，法国大革命的暴民更将饱受摧残的大教堂推向灭亡的厄运。1805年，大教堂差点被整个拆除变成采石场，有人甚至提议在大教堂原址建立一座畜类交易市场。直到一年后，拿破仑将大教堂交还给天主教当局。1822年大教堂重新启用后，重新修复，到19世纪中叶才完成。好景不长，接连的两次世界大战，施派尔大教堂根本无法安然度过，再度陷于残破的悲凉景象。

右页：莱茵河畔的施派尔城当年得以兴建扩展，完全归功于施派尔大教堂。从施派尔旧城楼往东望去，施派尔大教堂盘踞街底，俯瞰整个施派尔城。

施派尔巴洛克式的主教府一景

盛世里的
施派尔大教堂

如今所见的施派尔大教堂是在20世纪60年代完成修复的。有趣的是，直至今日前往施派尔大教堂前，仍然会见到大教堂内外随时有人在修修补补。

经过那么多的破坏，施派尔大教堂最大的成就就是建筑的本体。从空中俯瞰，大教堂呈拉丁十字状；进入教堂内，宏伟的主堂拔地而升，主堂两旁的侧廊则宽阔无比。从西往东望去，和主堂相邻的是祭台和其后的半圆顶室。只是不知道是因为装饰物太少或没有太多的许愿蜡烛，在恢弘的主堂里，我们几乎感受不到宗教的气氛，就连高墙上绘于19世纪的壁画，都难以令人感动。

大教堂最有趣的部分应当是面积庞大的地下室。有无数石柱的地下室，在灯光映照下，宛如石柱丛林。尤其是进入萨利安王朝的石棺所在处，还可以读出某些那个时代的气息。

右页：施派尔建于1230年的老城门，保存完好，有“德国最美的城门”之誉。这座城门顶楼是眺望整座施派尔城的最佳景点。

施派尔大教堂内外的艺术装饰大多是近代的作品，大教堂西正面入口处左右的雕刻群分别是以哈布斯堡及日耳曼国王为题，这两组雕刻群大多完成于19世纪初，并没有太大的艺术成就。一般而言，施派尔大教堂最大的成就是空荡荡的建筑本身，而不是艺术装饰。

ALTPORTEL CAFE
Geldautomat
ZONE
Postplatz

格局方正的施派尔大教堂，昂然翘首，展现着昔日帝国的风采、世俗的荣耀及无以描绘的凛然正气。它不似哥特式建筑外观好像要与地心引力相抗衡似的向上发展，而是从容地抓牢着坚实的大地，威武庞大。它更不似哥特式建筑繁复的飞扶壁、拱架，隐约透着一股温柔婉约的气质；反之，单纯、利落，没有任何雕刻装饰的外观所展现的是十足日耳曼的阳刚之气。没有隐喻，没有象征，一切是如此肯定，简洁、有力。

施派尔城内有几座不在世界遗产清单里的建筑，例如，建于18世纪初的圣三一教堂（Church of the Holy Trinity），其巴洛克式的教堂内观使其成为施派尔城最漂亮堂皇的宗教建筑。

善人在地享太平

施派尔大教堂紧临着莱茵河畔，美丽的河畔有无数啤酒屋，在无限美好的夕阳下，眺望树林后的大教堂尖顶，油然出现一种浪漫的感觉。人们尽全力保护这座大教堂，动机是出自于对历史、艺术的尊重，这应当是欧洲最好的时代了。偶尔传来教堂清脆的钟声，我不禁想起天主教弥撒中的祷词："天主在天受光荣，善人在地享太平。"但愿施派尔大教堂自此免于战火波及，能永远挺立于地表之上。

前跨页：地下室是施派尔人教堂最古老的地方，位于大教堂半圆顶室和耳堂底下，分为四个部分，每个部分的结构不尽相同，包括有多座礼拜堂及帝王坟墓，有若石柱丛林，美感十足。

罗马式教堂之旅

德国境内有为数众多的罗马式教堂，于是，近年来德国规划出的罗马式教堂之旅，甚为风行。

所谓“罗马式”建筑，就像欧洲早期的艺术名称一样，并不是一个有特定意义的名词，而只是建筑于某个特定时期的建筑物统称，今日人们所提到的罗马式教堂，大多指公元11至12世纪的产物。读者不妨翻回第一篇的《罗马式教堂兴起》一节温习一番。

整个西欧都可见到罗马式教堂，例如，法国、西班牙都拥有许多罗马式教堂，但位于德国的施派尔大教堂、沃尔姆斯大教堂（Wormser Dom）及美因兹大教堂（Mainzer Dom）却是同时期最大的罗马式大教堂。

或许是历史发展的路数不同，处于分裂状态下的昔日日耳曼，境内的哥特式大教堂数量远不及于法国——因为哥特式大教堂需要更多的财力、物力、人力和向心力，这些条件在权力分散的日耳曼境内都难以凝聚，却也因为如此。德国境内的罗马式教堂格外引人注目。

罗马式教堂的造型简单，有着双座或单座钟楼尖塔，呈现出一种优雅的古朴之美。

欧洲的建筑就是这么有意思！顺着每一个不同时期的建筑，我们几乎可以清楚地勾勒出一个清晰的历史脉络，嗅出该地的昔时风华。尤其在日耳曼交错复杂的历史中，这些古老的罗马式教堂，非常容易激起人们许多有趣的灵感。

班贝格

Chapter 8

当下与上个世纪末不过相距一小步，然而前一世纪累积至今的历史纠葛，仍在强劲有力的时间巨轮中，过滤、沉淀……

雷格尼茨河上的小威尼斯

班贝格（Bamberg）位于德国东南部，在东、西德未统一之前，这里紧临昔日边界，充满难以言喻的纠葛。这一页迄今仍牵动着无数人们命运的历史，与有千年岁月的班贝格城相较，显得年轻、渺小。

徘徊在雷格尼茨河（Regnitz）的老市政厅古桥上，不远处，矗立千年的大教堂，以及桥边累积自各个时代的古老建筑。搭配着桥下湍急的河水，有一种说不上来感觉，仿佛能将万千心事付诸流水。

芸芸众生在古老的天地间都成为匆匆过客，当叹息来不及变成轻喟，新的质疑又已开始……尤其是夜晚，当昏黄的人工光线将一座座古老建筑物烘托得像黄金打造般，与贯穿城内各处的河水相互辉映，使得这座素有“小威尼斯”之称的中世纪宗教名城，在星空下，美好得让人遗忘所有的冲突与悲伤。

上左：雷格尼茨河桥上的老市政厅到了夜晚，经昏黄的光线衬托，有如黄金般耀眼。

上右：雷格尼茨河将班贝格城分隔成主教区与市民区，主教区是居高临下的雄伟大教堂及主教宫，市民区则充满了桁架木屋。美丽的河上常见居民在此进行传统水上活动。

右页：雷格尼茨河两岸风光明媚，两岸的市民华宅，将班贝格的水都风情展露无遗。

前跨页：班贝格城是德国境内特殊的宗教城市，自公元7世纪起就有历史记载，是德国境内保存最完整的中世纪城市。

星辰之礼

公元973年，日耳曼皇帝奥托二世（Otto II）把班贝格送给他的表兄弟巴伐利亚公爵亨利一世（Heinrich）。身为神圣罗马帝国皇帝同时是公爵之子的亨利二世，自幼就深爱这座城市，他在婚后第二天早晨，便把这座城市当作“星辰之礼”送给新婚妻子。

日后，这对夫妇被罗马天主教会封为圣人，他们几乎成为这座城市的图腾，举凡城内的桥梁或古屋，到处都可以见到以他们为题的图像。

为了积极治理这座城市，亨利任命亲信的参议大臣为班贝格城主教，更为了让班贝格成为象征性帝国的首府，而多次在此召开国事会议。

公元11世纪初，某个复活节，教皇本笃八世（Benedict VIII）亲自前来班贝格商讨帝国的命运，并为城中几座圣堂祝圣。日后，当班贝格的第二任主教克莱门二世（Clement II）被选为教皇后，这座城市的气势更达到巅峰。然令人惋惜的是，年轻的教皇竟然任期不到一年就突然过世。

当政只有九个月的克莱门二世生前立下遗嘱，希望永久安息在这座深受他喜欢的城市。在极具戏剧性的安排下，克莱门二世的遗体，被偷偷地从罗马运回来，安葬在班贝格主教座堂圣坛的西侧。班贝格城的教皇陵墓成为欧洲唯一在阿尔卑斯山以北的教皇陵墓。

右页：班贝格大教堂建于13世纪，动工时期正值罗马式到哥特式风格的过渡时期，为此融合了两种建筑风格，是班贝格城内年代最久远、最有艺术价值的建筑。这座宏伟的大教堂只花了二十多年就兴建完成。

广场上的建筑是昔日的公爵主教宫，相较于同时代的宫殿建筑，新宫外观平实，内观却是相当奢华富丽，几乎就是一座皇宫的翻版。

后跨页：雷格尼次河桥上的老市政厅及其周边的建筑，是中世纪市民阶级兴起的表征。

告别黑暗

宗教横跨世俗的特殊政治背景，使得日耳曼接下来的战争几乎都与宗教有关。例如，著名的宗教改革、农民革命和三十年战争。饥荒加上瘟疫，使得某些城镇几乎丧失了百分之八十的人口。

最骇人的事件发生在17世纪初，班贝格的主教约翰·乔治二世（Johann Georg II Fuchs von Dornheim）发疯似的强力支持捕杀女巫运动，数以百计的妇人、孩童受到波及。单单在1622至1633年的十余年间，就有六百多人死于极端残酷的刑罚，这段岁月是班贝格的黑暗时期。

直到三十年战争期间，恐怖的迫害才被打断。这场涉及欧陆多国的战争，把班贝格卷进了前所未有的动乱，信奉新教的瑞典军队在一夜之间占领班贝格。经过漫长的战斗，在外援的帮助下，最后班贝格再度被天主教军队光复，至18世纪重新登上繁荣的高峰。

所幸，勋伯恩家族的公爵主教罗达·法兰兹·冯·勋伯恩（lothar Franz von Schönborn）当政时，启用不少布尔乔亚阶层的精英分子，大力支持工商业发展，着力改革。再加上天主教会的稳定，班贝格沉闷无色彩的中世纪终于结束，开始迎接多彩多姿的巴洛克时代到来。

上：旧主教宫富有特色的桁架木屋。桁架木屋在日耳曼境内的不同地区呈现不同的风格。图中的房舍为昔日宫内铁匠的作坊。

下：新主教宫除了内部装饰得奢华，花园也很富丽，在玫瑰遍布的花园中散步，犹如在乐园般美妙。

多彩多姿的巴洛克时代

身为能表现世俗王权风华的巴洛克艺术拥护者，公爵主教无所不用其极地以各种方式装饰班贝格。除了把雷格尼茨河上的老市政厅加上壁画及楼塔，更建造了许多富丽的修道院及新桥梁，甚至减少税收、无偿赠送建筑材料，让市民阶级能以更华丽的巴洛克风格装饰房屋。

庄严、肃穆、灰暗的中世纪城市，经过巴洛克风格的调理，有如点石成金般，化身为一座华丽的新城。

被教会统治八百个年头后，班贝格终于摆脱极权。1844年，铁路接通此地，班贝格整个与现代接轨，义无反顾地走向现代。从前宗教在这里烙下的印记，如今随处可见，这些规模不一的教堂尖塔，勾勒出班贝格的天际线。

右页：新主教宫内的花园为洛可可风格，花园内遍植玫瑰花，更有许多中世纪的花园石雕。花园后庞大的建筑是圣米迦勒大教堂。

教堂山上的主教座堂

在众多宗教遗迹中，以位于教堂山的主教座堂及主教宫最具代表性。教堂山是城内一处地势较高的山丘，因为上面有主教座堂、主教宫及系列的宗教建筑而得名。

主教座堂（Bamberger Dom）是亨利二世于11世纪初所建，这座大教堂，拥有四座钟楼尖塔，仿若见证了教堂建筑从罗马式转往哥特式的发展过程。在中世纪时，班贝格大教堂梁柱、墙面绘满精彩的图案，象征天堂极乐的景象，直到近代才将彩绘修改为较为朴素的风格。

右页上左：雷格尼茨河上的老市政厅，始于14世纪，连接主教区与市民区，原为哥特式建筑，至18世纪被巴洛克化。

右页上右：这座宗教之城里，处处可见教堂的踪影和装饰于其上的宗教雕刻。

班贝格骑士与女性雕像

古老又庞大的教堂里里外外布满了艺术精品，其中有不少作品是同时期的杰作，在西方艺术史占有一席之地。例如，悬在教堂梁柱上、刻于公元13世纪的班贝格骑士雕像。

右页下：班贝格骑士雕像。雕刻手法细腻，呈现完美的男性造型，在纳粹时代被视为日耳曼民族的象征。

极为写实的班贝格骑士雕像，以十块石刻组成，高2米，是班贝格大教堂的镇堂之宝。有人推测这尊雕像是以亨利二世的形象雕成，更有人依雕像头上的皇冠判定君士坦丁大帝才是原型。无论其原型是源自于何人，这尊比例、造型近乎完美的雕像，在法西斯专政时期，被纳粹视为日耳曼的象征，广为宣传。

梁柱上有许多中世纪主教们的雕像，其中有两尊以女性为题材："教会胜利"及"迷失犹太会堂"，是中世纪教堂常见的题材。在眼部蒙上纱布以象征迷失的犹太会堂女性雕刻，往往比表示正教的女子更显妩媚动人，班贝格犹太会堂里纤细优雅的雕刻，不愧是13世纪初的雕刻代表。

皇帝石棺

班贝格大教堂里的石棺雕刻甚为可观。名闻遐迩的皇帝石棺，是法兰肯时期最伟大的雕刻大师里门施奈德（Tilman Riemenschneider）

上左：亨利二世夫妇的石棺

上右：皇帝石棺上的浮雕优美而动人，像连环图画般，非常吸引人。

于1499年接受委托，为被封为圣人的亨利二世夫妇所作。

这座石棺完成于1513年，周围的浮雕描绘出这对夫妇的传奇故事，石棺顶盖为皇帝及皇后的雕像。班贝格大教堂因为有这些杰出的艺术作品而名闻于世。

宗教之城

大教堂西正面圣坛是哥特风格，墙面上有细高尖角的拱形窗。大教堂旁的广场有“德国最大、最美的广场”的美誉。从罗马式、哥特式、文艺复兴、巴洛克到洛可可，各式各样源自不同时期的建筑在广场四周林立。

圣贝芮法瑞教堂

班贝格是座宗教城市，除了主教座堂之外，还有多座著名的教堂。例如，人们最喜爱用来当结婚教堂的圣贝芮法瑞教堂（Obere Pfarrkirche）。这座教堂建于公元14世纪，是座哥特式建筑，入口处的雕像取材自《圣经》，其中最有趣的一组是《新约·马太福音》中有关机智与愚蠢女子的雕像。日耳曼许多古老的教堂都喜欢以这个主题来教化黎民百姓。

圣米迦勒大教堂

另一座具代表性的教堂，是与教堂山相对的圣米迦勒大教堂。这座原来是罗马式大教堂，在18世纪初期，重新以巴洛克的风格大肆整修，壮丽的外表，具体象征18世纪时期此地公爵主教的权势与地位。

圣米迦勒大教堂与主教座堂遥遥相对，是班贝格城内另一著名的宗教建筑。这座教堂原是11世纪的修道院，后被地震破坏，18世纪经过巴洛克的名师扩建后，整个建筑仍是哥特式结构，正面却是十足巴洛克的色彩。圣米迦勒大教堂的巴洛克门楼和前面的石头台阶，场面气派，表现18世纪公爵主教在此的位高权重。

旧城区的市民豪宅

看过一栋栋金碧辉煌的宗教建筑后，雷格尼茨河另一边的历史古迹也不容忽视。在中世纪，雷格尼茨河将班贝格城隔成主教区与市民区——布尔乔亚阶级的市民与公爵主教争取包括行政在内的世俗权力。

1164年，班贝格向皇帝争取免交易税的特权。然而，主教大人为拥有绝对的权力，总是对能力庞大的市民阶级甚不放心，他甚至禁止市民建造保护身家财产安全的城墙。因此，兴隆的贸易并未使班贝格成为贸易之都。而且这座城市屡受战火威胁，往往要付出大笔的赎金才能免于受害。

至15世纪中叶，为了赋税问题和诸多不公的法条，市民阶级的富有人家终于无法忍受经济权操纵在主教手中，纷纷撤走庞大的财产，迁出班贝格城。至18世纪的勋伯恩当政时期，市民阶级抬头，主教以政策支持，旧城区内开始诞生巴洛克式的市民豪宅。

上左：班贝格城是德国境内最适合居住的城市之一。诸多重要的宗教建筑遗迹，使这座城市堂堂进入世界遗产名录。保存良好的古建筑，使这座城市至今仍洋溢着丰富而活泼的古典气息。

上右：美丽的班贝格城为欧陆重要的宗教城市，城内处处可见伟大的宗教遗迹。图为小巷道底端的班贝格大教堂，威风凛凛地挺立在穹苍之下。

新世纪
梦想之城

这座宗教之城，以无所不在的古老建筑，织出一部西方人在起伏不平大地上跌跌撞撞的社会演变史。

新世纪的现代化德国，保存历史遗迹不遗余力，这是他们面对庞大未知的动力。这一切看起来如此地闲适而自在，那一段为生存激烈辩证及斗争的年代已成过去式。就以班贝格城而言，上个世纪末，城内居民经过大规模的民意调查结果，对自己的城市满意度名列全德第一。

这座建于中世纪的宗教之城，如今是德国人公认的“梦想之城”。有了这样的殊荣，世人可以大胆肯定：只要雷格尼茨河的流水不断，班贝格将永垂不朽。

宗教古城的古老信仰

素有“宗教之城”之称的班贝格城，居民至今仍深受信仰的影响，而且到达令人难以置信的程度。例如，有位服务于天主教会附设幼儿园的女老师，竟然因为离婚而拿不到第二年的聘书。

为了求证，我在班贝格著名的市民城楼上与女导游聊到这个话题。或许因为自身是开放的天主教徒，这位导游像找到知己般，打开了话匣子。我们一路从天主教对女性的歧视，聊到新任教皇的政策，甚至批评教会。

在可俯瞰全城的城楼上，我们一老一少，一东一西，一男一女，在这宗教之城旁若无人地高谈阔论，聊到乐处，我们甚至放肆地说：“若在17世纪，我们都会被此地的教会视同女巫般地烧死在柱子上。”

我要留下来拍照，相互拥抱后，她交代我离开时把钥匙放在城楼下的木盒里就好，便先行离去。

我在城楼的窗台边对着眼前美景大拍特拍，狂喜之际，楼下传来了不寻常的脚步声，导游竟一路又跑了上来，我以为她遗漏了什么珍贵东西在这儿，没想到，她上气不接下气地说；“我一路跑回来就是要告诉你，千万别把我们先前谈话的内容对别人说，这儿的人是很保守的古老教会拥护者。我真不敢想象，你待会拜访其他教堂时，若和那些老神父讨论诸如对同性恋、离婚、避孕的议题时，会是多可怕的灾难，他们搞不好把你当异端，轰扫出门。”

我很谢谢女导游的分享，更谢谢她的叮咛——这让我对这座宗教古城有了别于观光导览的文化认识。

奎德林堡

Chapter

9

小城故事多，亨利王和美西黛的美眷佳话，法兰肯国王风雪访贤的轶事，贺蒙为挚友奈龙鞠躬尽瘁的操守，美丽的小城与天上万千星子相互辉映。

消失的镇堂之宝

叙述美丽非凡的奎德林堡（Quedlingburg）之前，我先来说一则关于奎德林堡的故事。

在20世纪末，有个小道消息流传在欧美专营中世纪古董的艺术商之间：将有一批重量级的艺术作品会浮出台面并上市拍卖。这个人云亦云的传闻引起《纽约时报》专跑艺术交易的记者注意，敏感而专业的记者猜想："这些拍卖品，该不会就是那批在人间消失了近半世纪、来自昔日东德境内奎德林堡圣塞尔维特学院大教堂（Stiftskirche St. Servatius）的镇堂之宝？"

圣塞尔维特学院大教堂位于昔日萨克森境内最富庶的奎德林堡，其艺术宝物恐怕只有亚琛大教堂堪以媲美。第二次世界大战后，大

前跨页：位于前东德境内的奎德林堡是日耳曼一颗久被遗忘的明珠。这座小城里的大教堂因拥有一批旷世的中世纪艺术精品而名噪一时。

右页：奎德林堡大教堂地下室初建于公元9世纪，现今的教堂是11世纪扩建后的样子。这座教堂是典型的罗马式建筑，居高临下，威风凛凛地俯瞰整个奎德林堡城。

奎德林堡大教堂内观一景。当年的镇堂之宝在第二次世界大战后全部不翼而飞，迟至上世纪末，经历数年的国际缠讼后，伟大的中世纪遗产才重返大教堂。

教堂里的宝物全部不翼而飞，任凭战后的东德和接管的苏联政府如何追查，就是找不出个线索，仿佛自人间蒸发，销声匿迹。

在《纽约时报》记者有如侦探小说情节般锲而不舍的追踪下，最后证实，这批市价近亿万美元、即将露面的宝物，竟然真的就是当年奎德林堡大教堂的镇堂之宝。这项消息一经披露，德国政府展开大规模的跨国诉讼，以期能让这批国宝重返国土。

美国大兵藏宝记

圣塞尔维特学院大教堂的镇堂之宝如何漂流海外、消失了近半世纪？原来，在第二次世界大战前夕，圣塞尔维特学院大教堂及当地文化部门为了保护这批价值连城的宝物，便将所有艺术品细细打包，自教堂撤出，移往昔日城外的盐矿山洞里。

接管奎德林堡的美国盟军，为了追踪反抗军藏匿在山洞、地道、碉堡的武器，意外发现了这批宝物。拾获宝物的美国大兵，在向长官交代详列宝物清册之前，突发奇想，以行李托运的方式将宝物寄回美国德州的家乡，并转告家人锁在银行保险柜里。这一锁，就锁了近五十年，直到当年那位美国大兵过世后，子孙争家产时发现这批尘封的宝物，于是提议拍卖平分。

奎德林堡的无价之宝自此再现人间，风华万千，倍受瞩目。这一页夹杂着复杂情绪的故事，成为奎德林堡的传奇轶事。

在一连串复杂的交涉及金钱运作下，这批包括有数个以象牙及珠宝装饰的圣人圣髑盒、一个传说装有圣母头发的石水晶瓶、一把属于亨利一世的象牙梳子，以及其他宝物，如今从容地陈列在圣塞尔维特学院大教堂地下一楼的展览室里。

幽幽微光中，历劫归来的精美艺术品丝毫不为浮世所扰，依旧展现着昔日的风采。

上及右页上：奎德林堡大教堂附属修道院一景。鹅黄色的修道院是巴洛克风格的建筑，其内有无数的房间，现今已成为对外开放的博物馆。

右页下：奎德林堡的市集广场是旧城区最引人入胜的景点，就像所有著名的日耳曼古城一样，奎德林堡拥有为数众多的桁架木屋，数量居全德之冠。世纪广场上最古老的桁架屋可追溯至14世纪。五颜六色的桁架木屋外观使人有如置身童话国度。

GELATERIA
THEOPHANO
Eingang
APOTHEKE
APOTHEKE

历史名城
再现光华

以地理坐标看来，奎德林堡位于德国的心脏地带，就像其他封锁在铁幕内的城市一样，奎德林堡的辉煌历史，全被滴水不漏的边界锁在遥远、遥远的过去。直到开放后，一座座蒙尘已久的历史名城，才从层层烟灰中重露光芒。

令人汗颜的是，世人（尤其是普罗大众）对这些在历史上大放异彩的城市所知极其有限。残酷的意识形态对历史文化的漠视、扼杀，莫甚于此。

如今从任何方向前往奎德林堡，首入眼帘的都是打从几公里外就看得到的圣塞尔维特学院大教堂。这座有两座钟楼、式样简洁有力的罗马式大教堂，盘踞山头已有一千多个年头，满是桁架木屋的奎德林堡城区，渐次有序地环绕在教堂山下的平地。

市议会旁以老骑士罗兰为招牌的小商家，锻铁制成的商标巧妙地融进旧城区的景观，别具慧心。

右页：奎德林堡是座由桁架木屋建构而成的古城。

抢救桁架木屋

20世纪初，整座旧城区仍有高达三千多座的桁架木屋。第二次世界大战后期，德国正式投降前，某位奎德林堡医院的员工甘冒叛国的死罪，扯下医院的白床单，走出城外向盟军投降，于是奎德林堡在这位“义士”的壮举下得以保存，成为德国境内少数未遭盟军报复攻击的城市。

躲过战争的摧残，却在苏联接管后，为了扩展城区，无情地拆除掉半数以上的桁架木屋，而幸存的桁架木屋则摇摇欲坠，难以维持。柏林围墙倒塌后，统一的德国政府全力抢救这批兴建于14世纪的桁架木屋。

1994年，联合国教科文组织终于将奎德林堡列入世界遗产名录，使这座几乎全由桁架木屋建构而成的古城终能永久保存下来。

前跨页：从昔日的城楼上远眺整座奎德林堡古城，小城当年正是从大教堂所在的城堡山那头开始。环绕在奎德林堡周围的山系与戈斯拉尔同属哈茨山脉。

Schlossberg
HOTEL ZUM

迈向整合

除拥有美不胜收的桁架木屋外，奎德林堡背后更有一页关系着日耳曼得以形成的丰富历史。公元8世纪前，介于莱茵河及奥德河（Oder）的日耳曼地区，全为封建公爵、主教和大公所控制，这些封建领主终日争端不断。在一位日后成为圣人的基督传教士圣卜尼法斯（St. Boniface）的奔走下，整合日耳曼的概念逐渐形成。顺应时势发展，历史上赫赫有名的查理曼大帝出现，并且统一了今日整个中欧地带。

右页：奎德林堡的桁架木屋有如精致的古董，值得细细欣赏。

查理曼大帝后裔

公元814年，查理曼大帝去世后，子孙逐渐瓜分他的帝国。843年，他的三位孙儿把持庞大的帝国，并在所属的邦国内，形成了日后的德国、法国及意大利。

位于日耳曼地带的路德维希（Ludwig）王国，国势薄弱且无法抵御外来的马札儿及斯拉夫民族的入侵，于是日耳曼地区就形成北部的萨克森（Sachsen）、中部的法兰肯（Franken）、南部的施瓦本（Schwaben）和巴伐利亚（Bayern）王国。

这个时期的贵族四处迁徙以控制所属的领地。农人住在枯草覆盖的壕沟里，石头建筑仍相当少见，城市尚未扩张，所有的教育、医疗、农作全围着修道院四周发展。而音乐的萌芽、文学和油画的创作更是好几个世纪后的事了。

萨克森

公元10世纪时，在奥托大公（Otto der Reiche）境内相当有权势的萨克森家族，在居高临下的哈茨（Harz）山脉北面置产，这座依着伯德河（Bode）离地有300英尺高的城堡，就是奎德林堡的前身。

公元912年，调停封建贵族有方的奥托大公，成功地说服各封建贵族推选他的儿子亨利为王，这位扶得起的国王，早在他有

远见的父亲过世前，就为自己找了位门当户对的美女——美西黛（Mathilde）——为妻。

据说，当亨利见到这位面颊如同红玫瑰的少女时，随即坠入爱河，王子和美人的故事于焉展开。老奥托大公去世后，亨利正式为王，成为相当受爱戴的君主。

日耳曼尼亚

亨利和美西黛这对神仙眷属旅行各地，却常常回到奎德林堡。此时，另一则中世纪传奇同步展开。与萨克森邻近的法兰肯王深知自己的儿子是个扶不起的阿斗，而国土又为强敌压境所苦。918年法兰肯王临终前，决定请萨克森的亨利来统治自己的国家。

据说，那是一个风雪交加的日子，亨利正在山上打猎，当黎明初晓时，忽见山头那方旌旗四起，亨利王索性坐在树下，以静制动，静观其变，等待队伍前来。他从远方的旗帜得知这支队伍来自法兰肯国。

当时，手臂上停驻着巨鹰的亨利王，气宇轩昂，从容地面对突然下跪的大批官员。亨利爽快地答应治国的邀请，接下来，一个新的国家日耳曼尼亚（Gemania）于焉诞生，也构成了日后日耳曼德国的雏形。为此，若称奎德林堡为今日德国的发源地，应该是名实相副。其后，亨利王的领土继续扩张至施瓦本、巴伐利亚，并先后将布兰登堡、波西米亚（今属捷克）并入自己的版图。

公元936年，亨利王逝世，被安葬在家族的教堂地下室，美西黛皇后则将自己完全献给基督，并以自己的嫁妆建立了一系列的修道院，用来调教贵族女子。美西黛生前的最后几年犹如特蕾莎修女（Mother Teresa）的化身，全力从事慈善事业。日后，她被罗马天主教会封圣，长眠在丈夫身旁。

奥托王朝的黄金岁月

亨利王过世前，凭着过人的外交手腕，恳请日耳曼境内的公爵、王储推举儿子奥托为王。在奥托四十年的治理期间，将领土一路北推至北海、南达罗马，并以基督之名出征，平定了不少战役。为此，

旧城广场上的市议会。市议会初建于公元14世纪初期。上图为市议会门面，是典型文艺复兴的风格。

罗马教皇于公元962年的2月2日为奥托加冕，以示感谢。这一个充满象征的仪式，促使未来统治欧洲近九百个年头的“神圣罗马帝国”诞生。

奥托之后的几位国王更因励精图治，造就了史称“奥托王朝”的黄金时期。艺术、文学、建筑在这个时期蓬勃发展。

奎德林堡在诸位国王的钟爱下，拥有众多特权，成为中世纪繁荣的名城。随着城市的发展，开始需求大量的建筑物，奥托王朝的建筑风格于焉诞生。这一建筑风格衍生出了日耳曼境内富有特色的罗马式教堂。

建筑大道之旅

如今沿着奎德林堡呈放射线状的大路，仍有近六十座罗马式古教堂、修院和废墟可供人参观，德国当局便以罗马式建筑大道之旅为卖点，向世人推销这条旅游路线。

建筑物当然不限于大教堂或公众建筑。随着中产阶级的兴起，讲究舒适的房舍应运而生。自14世纪初，桁架木屋陆续在北日耳曼境内现身，这些高达三、四层楼的木造建筑，大多先以大木条架构，其间再填以灰泥稻草，而外观则漆上鲜艳的色彩，屋檐、窗台的木头框架都刻有精彩的纹饰。

看似童话世界才会出现的木屋，日后成为奎德林堡最美丽的城市基调。放眼望去，桁架木屋真是如同精致古董般，处处洋溢着丰富的美感。

以地理为区隔，奎德林堡大致分为：教堂、昔日宫廷城堡和旧城区。若要仔细欣赏这座城市的景观，离旧城区不远处有一座由小山丘构成的自然公园，只要爬到山顶，奎德林堡怡人的风光便一览无遗。

在昔日的城墙上流连，远方的大教堂和青翠山脉，真让人有种身在桃花源的美好错觉。如今漫步在奎德林堡旧城区的巷道里，浓浓的古典情调，仿佛进入时光隧道般。看见偶然出现一名身着牛仔裤的年轻人时，会惊觉此刻已是21世纪的现代，让人久久无法回神。

这栋白色的桁架木屋是德国境内最古老的房子，兴建年代大约为公元1320年。

右页：桁架木屋是奎德林堡的城市基调，风格多变，耐人寻味。

奈龙美术馆

奎德林堡有个值得传诵的故事。

在奎德林堡山脚下有一座美术馆，陈列昔日包豪斯（Bauhaus）的先锋巨匠奈龙·费尼格（Lyonel Feiniger）的作品。奈龙为德国音乐家之子，1871年生于纽约，十六岁前往欧洲习艺。20世纪初，德国兴起结合建筑、设计、绘画的包豪斯派。第一次世界大战后，包

TEE
KAFFEE

Stadtführer
Stadtführer
Stadtplan

奎德林堡能进入世界遗产名录，主要在于数量庞大的桁架木屋。不同年代的桁架屋，呈现出不同的风格，从哥特式、介于1535至1620年的萨克森风格，到为数最多的巴洛克风格。这些造型不一的桁架木屋，外观精雕细琢，座座可入画，成为摄影取景的梦想天堂。

豪斯美学闻名全球，而奈龙成为位于柏林的包豪斯学院第一任院长。

纳粹掌权后，非常厌恶包豪斯的美学，无所不用其极地打压包豪斯派，甚至关闭了对现代艺术影响甚大的学院。

为了躲避纳粹的骚扰，年高六十二岁的奈龙决定返回纽约，临行前，他将毕生的作品托付给挚友贺蒙·克拉普（Herrmann Klumpp）博士保管。在学生及同事的帮忙下，奈龙的艺术作品全被打包放进贺蒙的地下室。随着奈龙的声名在纽约如日中天，这批重要画作却无声无息地消失在人间。

20世纪50年代中期，奈龙逝世，他的子孙遵循遗愿寻找作品的下落。他们向东德政府表示这批作品藏在奎德林堡的某户人家里。隔天，东德政府官员现身在贺蒙家，并没收这批杰作。经过一番外交运作，奈龙家族得了少许金钱的补偿，而所有的画作则归贺蒙·克拉普及其夫人所有。

家境清贫的贺蒙本可因此一夕致富，然而，老夫妇坚持这批艺术作品应与世人共享，于是他们致力于成立奈龙美术馆，展示奈龙·费尼格收藏在美国境外数量最大、质地最精的作品。

这桩兼具艺术与友情的美丽事迹，为奎德林堡更添传奇色彩。而贺蒙为好友鞠躬尽瘁的操守，在人情淡薄、唯利是图的世代里，更令人敬仰与感佩。

奎德林堡的美丽与丰富无法以这篇小文章道尽，巍峨大教堂挺立了十个世纪，曾经风光又蒙尘的小城，在镇堂之宝回归后开始复苏活跃。美丽的小城在世人的祝福期待中，蓄势待发，进入另一个辉煌世纪。

作古多年、深受子民喜爱的亨利王夫妇，自天上万千星子中俯视这座深得他们喜爱的城池，应会就此感到欣喜万分。而中世纪那段不计权谋四处访贤的传奇轶事，更会让权力欲望熏心的后人有所警惕省思吧！

市议会前的罗兰雕像，造型相当有趣，年代甚为古老，显示奎德林堡自古以来就是著名的自由城。

奎德林堡漫游

我从魏玛古城驱车前往奎德林堡，第一眼看见山头上的大教堂，就爱上了这个地方。

两德统一后，奎德林堡的民生景观仍颇具东德风貌，或许如此，奎德林堡有一种不好描绘的沧桑感。就像1990年代的布拉格，斑驳陈旧的古街道上，处处有类似游唱诗人的街头艺人；而东欧通往西欧的门户布达佩斯，当年都保有一丝古老帝国的浪漫霸气，充满各式精致书籍的书店是城内最迷人的风景。

不过十数年，这些地区有了天翻地覆的变化，当布拉格旧城区开了LV精品店后，我们知道资本主义的虚华又染指了另一座犹如处子之身的城市。

奎德林堡没有任何精品店，就连麦当劳都必须入境随俗，使用不起眼的小招牌。我很喜欢黄昏向晚在奎德林堡蜿蜒的小巷道中散步，偶尔与那些古老的感觉交锋，仿佛正面撞上了一个迷路的幽灵，时空错乱，不知身在何处。

整个欧洲近年都面临到经济的难题，德国境内更是严重，失业率居高不下，吃惯大锅饭的奎德林堡居民日子也不好过。我的私人导游是位上了年纪的老太太，很多时候，我都担心她会摔倒。为此，有两次付了小费之后，我索性自己逛逛，并保证不会向她的顶头上司告发。

此外，我在奎德林堡时住在当地旅游局安排的旅馆，店家的好客与友善令人终生难忘，为奎德林堡之旅留下绝佳回忆。

Hotel
Hotel

戈斯拉尔

Chapter 10

从古老的银都变成贫穷的城市，因为贫穷，戈斯拉尔意外地保留古老的建筑，成为德国境内最美、生活质量最佳的城市。

西德与东德

我拉着大箱小箱的行李，自奎德林堡前往戈斯拉尔（Goslar）。这两座城市相距甚近，若是自行开车约一个小时的车程，然而在上个世纪末，柏林墙倒塌之前，这两个建筑景观有许多雷同之处的城市，无论是意识形态或思想逻辑，都有相当大的差距。如今漫游德国，若不特别注意，很难了解所在位置是在前西德或前东德境内，而且，没有人会再不识趣地去比较两者的不同。

日耳曼民族向来很实际，否则，怎能活生生地让一道墙将柏林隔成两半？

说来难以置信，在统一前，西德的教科书早就视东德为独立的国家。这样务实的态度，实在令情感丰富的中国人难以理解。统一后的德国出现许多问题，其中以经济方面的议题最明显。碰到有关前东、西德诸如工作态度之类的问题时，实际的德国人会保守估计：至少要经过三代，才可以将整个国家整合为一体。

奎德林堡在很多方面仍是非常东德化。为此，当我抵达相距甚近的戈斯拉尔时，在前往旅馆的出租车上，我问司机先生："这里昔日是否属于东德境内？"

司机先生以流利的英文回答："先生，这里是不折不扣的前西德。"

前跨页：位于哈茨山脉的戈斯拉尔有丰富的银矿。图为戈斯拉尔最著名的市集广场一景。

右页：戈斯拉尔的桁架木屋大多兴建于15至19世纪之间，数以千计的老房子是戈斯拉尔今日最伟大的资产。从风格来看，桁架木屋的地域色彩很强，日耳曼境内从南到北就有数种不同的桁架屋风格。

拉莫斯贝格（Rammelsberg）的银矿产地同样列入世界遗产名录。透过导览，这座改建成博物馆的银矿产地，仿佛将人带回那古老的过去。

从淘金热到贫穷

戈斯拉尔与奎德林堡的地理位置相连，历史沿革相似，就连被列入世界遗产的桁架木屋都处处有。然而这两座城市却有完全不同的经济资源：奎德林堡是著名的种籽产地；戈斯拉尔则是日耳曼境内最著名的银矿盛产地——戈斯拉尔得以兴盛并成为汉莎同盟的一员，就是拜丰富的银矿所赐。

公元11、12世纪时，戈斯拉尔因为充裕的银矿而成为日耳曼北部最富庶的城市。经过千年开采，银矿终于枯竭，原址如今辟建成银矿博物馆，列入世界遗产名录。

石器时代就有人类在戈斯拉尔的原始森林中活动，而最初的文字记载则始于公元6世纪。8世纪末，查理曼大帝逐渐把帝国领域延伸到此处。大批人潮随着淘金热涌进这被森林覆盖的区域，不到数十年的工夫，戈斯拉尔就成为昔日罗马帝国境外最大的城市。1009年，神圣罗马帝国在此建立皇帝驻跸的宫殿。此后，随着银矿的兴盛，戈斯拉尔成为神圣罗马帝国境内重要的城市，甚至在13世纪末成为汉莎同盟的一员。

银都古迹

戈斯拉尔如何躲过上世纪的两次世界大战？历史极少记载。可以确定的是，自17世纪以后，这座古老的城市变成了贫穷的城市。因为贫穷，意外地保留了城中世纪老的建筑，其中包括了近一千八百栋的桁架古屋。

而今在政府及民间大力的合作下，戈斯拉尔的古迹被视如珍宝，每一座古老的建筑都被维修得完好如新，成为德国境内最美、生活质量最佳的城市。

拥有来自皇帝的特权，这座商会大楼得以用帝王雕刻装饰门面，除了严肃的皇帝雕像，还有许多有趣的图像。不过，德国著名诗人却形容这些呆板的皇帝雕像“简直像极了油炸过后的大学看门人”。

后跨页：16世纪后，戈斯拉尔走向衰败的命运，意外地成就了日后拥有众多古建筑的好命。图为戈斯拉尔另一处广场，广场后方为著名的市集教堂（Marktkirche）。这座古罗马教堂西正面的两座钟楼竟是两种不同风格。

helmbrecht

皇宫

古老的戈斯拉尔很喜欢强调曾有帝王在此定居。这些德国人称为皇帝或国王的人，若以中国历史的眼光来看，则是类似公侯的地位。在日耳曼未统一之前，有许多各自独立的封建城邦，个个独立、格局迷你的承平时代，就像童话故事所描述的情景一样。

有这样的基础理解，再来探访建于公元11世纪的皇宫（Die Kaiserpfalz），就不会有太大的落差。这座居高临下、面积不大的建筑，为日耳曼境内少数保存良好的中世纪建筑，是戈斯拉尔最醒目的建筑物。

贫困的城市，免除许多商业活动与人为破坏，为此，整座宫殿在19世纪时还能依着最古老的模样修缮。皇宫大厅里绘满德国历史的壁画，如今不再有皇室成员居住，却经常举行高水平的音乐会，而皇宫的地下室则改建为陈列昔日皇家物品的博物馆。

上左：兴建于1150年的大教堂，在1819年因为危险而惨遭拆除。这座庞大的建筑珍宝如今只留下正面的入口。

上右：皇宫是戈斯拉尔最壮观的建筑，今日的容貌大多是来自于19世纪的翻修。

右页：位于皇宫里的圣优礼教堂（Pfalzkirche St. Ulrich）兴建于12世纪，如今辟建为博物馆。除了展示同时期的艺术品外，更保有亨利三世的心脏，至于帝王的身体则安息在南部的施派尔大教堂里。

主教座堂

在众多古迹中，最令人扼腕的是主教座堂。主教座堂兴建于公元1150年。至19世纪初，古迹维护的观念尚不普及，因为危险的

后跨页：与不远处的奎德林堡一样，戈斯拉尔城内一样有许多古色古香的桁架屋，由于位于前西德境内，戈斯拉尔的古屋保存维护良好许多。

HOTEL
RESTAURANT
Zur
Börse
Zur Börse
Hotel * Restaurant
GASTZIMMER
FREI FREI

53
Zimmer
frei

缘由而将主教座堂拆除，只保留了教堂入口。现今，只有四万多人口居住的小城，靠着祖宗留下来的文化遗产生财，开发观光业，成为主要的经济来源，不会再有人轻易破坏古迹了。

戈斯拉尔四十七座教堂中有二十三座仍保存完整，这些教堂大多是罗马式建筑。在建筑史上，这些教堂并不算著名，但是美丽的教堂尖塔却为戈斯拉尔勾勒出最漂亮的天际线。

市政广场

像邻近的奎德林堡一样，戈斯拉尔最漂亮、最重要的建筑，非桁架木屋莫属。而除了无所不在的桁架木屋之外，方圆不大的戈斯拉尔旧城区有几处大广场也非常迷人，其中以市政广场最有看头，是戈斯拉尔的地标。这座广场上的建筑形形色色，无论格局或外观都有可观之处，是拍摄童话风格的电影最好的取景地。

新的出路

小小的戈斯拉尔能自历史灰烬中再度重生，进入世界遗产名录，成为著名的观光重镇，实在有很多值得借鉴与到此一游的好理由。城内几处著名的昔日大宅院，如今已辟建为国际级的美术馆、博物馆，让老屋除了保有历史的价值，又能兼具实用的现代功能，使得这座早就失去经济价值的城市，常葆青春活力。

无论是经济强大的前西德或民生落后的前东德，统一后的德国借着戈斯拉尔的经营方式，应当可为人文和自然条件更好的奎德林堡找到新的出路。

上：兴建于16世纪的农民房舍（Monchehaus），如今是艺术博物馆，而广大的庭院是戈斯拉尔远近驰名的雕刻花园。

下：市集广场喷泉上振翅高飞的老鹰是戈斯拉尔的象征，自1340年起，戈斯拉尔就是皇帝钦定的自由之城。

消逝的边界

戈斯拉尔与昔日的东德边界相距甚近，走路就可以抵达。对于边界，我常有一种浪漫的感觉，仿佛是中途站，过了此处，还有更远的界限有待冒险。这是生在自由天地里的人才会有的天真想法。昔日的边界，对东德人而言，可是会遭到杀身之祸的禁地。

是不是民族性呢？我常为一道墙就能将一座城市、一个家庭永远相隔而感到不可思议。台湾与大陆隔了一道游不过去的天然海峡，却仍封锁不住人们的乡愁，德国人怎么就如此认命？

难道时间真的让什么事都变成习惯了？

我的女导游说，当年他们夫妇正在南美洲度假时，接获子女从德国打电话来转述边界大开的消息，他们竟然回答："长途电话不便宜，别开玩笑！"待事实确定后，他们匆匆取消行程，迅速返国——他们可不想从这历史大事中缺席。几个星期后，她邀请通信长达四十几年的笔友从边界那头过来做客。导游说："这一段路，她开车前来不过需要半小时，我们却花了四十年。我起先以为至死我们都不会见面的，没想到见到面时，我们才猛然发觉错失了青春和所有的机会。"

我们的生活永远往前（钱）看。欧洲国与国的边界在消逝，这些夹杂血与泪的故事，随着国界的模糊，终将烟消云散，只剩下复杂的情绪供当事者凭吊。

DEM DICHTERPAAR
GOETHE UND SCHILLER
DAS VATERLAND.

魏玛

Chapter 11

名人故居往往会引起崇拜者的向往与追寻，只要前往该地，顺着庭园内的一草一木，那个化成烟尘的人物将顿时栩栩如生……

古典魏玛

魏玛（Weimar）位于前东德境内，并没有什么特殊的、了不起的、富原创力的建筑，让人怀疑这座小城何以进入世界遗产名录？

诗人说："山不在高，有仙则灵。"魏玛小镇就是如此。就像中国某些小镇古城因为人杰而变得声名大噪。例如，绍兴小镇是陆游和鲁迅的故乡，每年总吸引万千的游客。而魏玛呢？歌德（Johann Wolfgang von Goethe）和席勒（Friedrich Schiller）两位大文豪长期在魏玛创作、工作，顶着这个光环，魏玛就可永垂不朽。

联合国教科文组织以"古典魏玛"之名，将几位艺术家的故居、同时期名人的宅邸，以及城中的某些建筑列入世界遗产名录。此外，20世纪闻名全球的新艺术包豪斯在魏玛的根据地，同样厕身于世界遗产名录。

前跨页：18世纪的魏玛公国是日耳曼最具文明气息的城市，德国大文豪歌德、席勒都在此定居。国家剧院前的歌德和席勒雕像，具体点画出这座小城曾有的古典盛世。

右页：我常觉得魏玛的古典情调就存在这些绿荫深处的宁静巷道里。也许在一个黄昏的午后，远道来的游人还可以与早化成烟灰的古魏玛游魂相遇。

市政厅是市集广场上最漂亮的建筑，这座房子建于19世纪，是典型的新哥特式建筑。

知识分子流连之地

这一新一旧的建筑群，正好呼应了魏玛在昔日日耳曼（甚至整个世界）的强大影响力。魏玛自古以来就是知识分子的流连之地，宗教改革者马丁·路德在赴奥格斯堡的途中于此歇息。

公元18世纪初，小小的魏玛共和国是日耳曼最文明的独立公国。当歌德抵达魏玛时，全城只有六千名居民，整个魏玛公国境内也只有十一万人。至1800年，魏玛从一千八百平方公里扩大到三千六百平方公里，人口膨胀到二十万人。然而，在整个日耳曼境内，魏玛只能算是蕞尔小国。

从歌德到李斯特

1772年，魏玛大公的遗孀安娜·安马里亚（Anna Amalia）当政，为年纪仍轻的王子物色教师。经人辗转介绍，二十六岁的歌德发表完《少年维特的烦恼》后，于1775年来到魏玛，并且在这里终老一生，开启了魏玛的影响力。另一位文豪席勒于1787年来到魏玛，同样在此安息。

右页上：歌德之屋的小巷道，在黄昏的光线中，温暖而沉静。

歌德逝世后，整个魏玛变得安静而沉寂，日趋保守，昔日开放的风气备受打压。就在这段惨淡时期，音乐家李斯特出现了，并且接受宫廷交响乐团指挥的职位，这位伟大的音乐家在魏玛待了近二十个年头。至19世纪末，音乐家理查德·斯特劳斯在魏玛担任乐团指挥的职务并带来现代音乐——不过，李斯特离去后，魏玛已成为一座难接受新思想的保守城市。

右页下：席勒之屋。这座房子建于1777年，是巴洛克晚期式样的建筑。席勒自1802年起与太太及四名子女定居于此，然而在此居住了三年，四十五岁的席勒便与世长辞。

在保守的观念下，出生在魏玛的光学大师卡尔·蔡斯（Carl Zeiss）无法立足于此，他将工厂设立在魏玛附近的耶拿（Jena）小城。1860年，包豪斯艺术学院的前身在魏玛创立。然而从始建之初，艺术学院就受到小城的排挤。

20世纪30年代随着纳粹前身国家社会党的兴起，令纳粹厌恶的包豪斯终于被迫关闭，迁往柏林。第一次世界大战后，失意的王公贵族、年轻的左翼革命党人和右翼的国家党人，有如闷在一个热锅里般在日耳曼的大地上翻腾，再加上接踵而来的经济大恐慌，加深了局势的恶化。

上：圣彼得与圣保罗教堂本来是晚期哥特式建筑，18世纪时改建为巴洛克风格，这座建筑也是联合国教科文组织选定的世界遗产。

下：位于魏玛旧城区南方的巴洛克式建筑，是当年魏玛大公恩斯特·奥古斯都的夏季公馆，这座小巧的行宫里收藏有许多重要的艺术品。

右：歌德的故居是一栋建于1709年的巴洛克式建筑。自1782年起，歌德就在此定居直到1832年，是魏玛极具有纪念价值的建筑物。

向纳粹党出卖灵魂

1930年，当魏玛热烈拥护纳粹党前身的国家社会党时，18世纪曾创造日耳曼人文光辉的古典魏玛，就像歌德笔下的浮士德，彻底出卖自己的灵魂。

纳粹党领袖希特勒相当喜爱魏玛，尤其喜欢在著名的艾林芬（Elefant）旅馆阳台上发表煽动演说，纳粹党的“卐”字徽章和“魏玛宪法”都在魏玛发表。

此外，纳粹党更在魏玛的近郊安德斯堡山（Ettersberg）设立布痕瓦尔德集中营（Buchenwald）。自1937至1945年间，有五万六千人丧生在布痕瓦尔德集中营。魏玛小城自此让向往高贵自由的魏玛祖先蒙羞，彻底笼罩在黑暗之中。

历史的伤痕

1945年2月9日，盟军对魏玛进行激烈的报复；同年6月6日，美国将魏玛交给了前苏联。在斯大林的冷血政策下，布痕瓦尔德集中营更名为“第二号特殊集中营”。从1945至1950年间，在这座集中营中又断送了八千条性命。

这座城市从第二次世界大战到前苏联统治期间，伤痕累累，纵使政府及民间共同努力，至今仍难以愈合。

右页：魏玛城内和歌德有关的建筑全列入世界遗产名录。这栋位于易河（Ilm）畔公园里的房子，是1776年歌德初至魏玛的下榻处，当歌德迁入新居所后，这里仍是他最喜爱驻留的地方。

下右：前苏联在魏玛城内留下不少遗迹。第二次世界大战之前魏玛就有许多来自俄国的客人，其中最有名的是把李斯特引进魏玛的玛利亚·帕夫洛夫女伯爵（Maria Pavlovna）。而今最显著的前苏联遗迹应当是位于易河河畔的苏维埃纪念公园、墓园。

下左：历史墓园。19世纪就有的墓园后来成为魏玛的名人墓园。歌德、席勒都长眠于此。图为墓园里一座由公爵的房子所改建的俄国东正教教堂，礼拜堂也是某重要公爵夫人的长眠之地。

军士墓园

魏玛拥有许多前苏联统治期间的遗迹，包括以人物为题的雕像，以及用红星点缀的前苏联军士墓园。历史在这里开了个大玩笑！静得出奇的墓园里，充满心悸与辛酸的过往。据说，1990年代苏联解体，祖国消失，补给中断，在魏玛驻扎的前苏联兵士不知何去何从。因为是令人厌恶的外来统治者，这些兵士最后的处境甚至与乞丐差不多。

我无法得知这些军人的最后下落，他们当中或许有人未来有能力写出自己的故事。不过，在一切都往前看的西欧社会里，谁有能力与心情去关心流亡者的命运？

失联的
过去与现在

平心而论，我不觉得魏玛有什么迷人之处。魏玛国家剧院前矗立着歌德与席勒联手持着桂冠的雕像，那是魏玛最璀璨的时代，是艺术家、哲学家向往的理想之城。19世纪时，有人力倡要将仍维持独立的魏玛打造成一座世界上最开放的自由城。纵使有联合国教科文组织的背书，小小的魏玛仍隐藏着浓得化不开的美丽与哀愁，就像那些长眠他乡的异国士兵。

我不禁感到：一个再也无法与过去联系的时代处境，同样是相当悲哀的。

上：发源于魏玛的包豪斯艺术学院，前卫的思想不容于后来成为纳粹党的国家社会党。现今包豪斯学院的原址被列入世界遗产名录，但是，昔日包豪斯的气息在这里已荡然无存。

中、下：魏玛大公宫殿是魏玛重要的建筑，现今的模样建于18世纪，当年是由歌德亲自主持建设。自1923年起改建为博物馆。

最好与
最坏的时代

有些人是怀着朝圣的心情前往魏玛。说来惭愧，我没读过任何歌德的著作，却对歌德的精彩文笔时有耳闻。

因为拥有歌德，魏玛成为德国境内的名城，不过若是因崇拜歌德成就而前往魏玛的读者，看到此地的景观后，可能就会失望了——就像是迷恋白居易诗境的人到了今日的西安，就会明白长安不复存在，那种惆怅的感觉，犹似领会到“不见长安见尘雾”的哀戚。

魏玛古城经历太多关系着世界局势的大事，包括市中心附近那座恶名昭彰的集中营。这段历史简直像极了狄更斯《双城记》的卷头语，什么最好的、最坏的时代，短短的两个世纪，魏玛从未错过。

因为时间的关系，我没有机会拜访那座知名的集中营。我相信，如果去了，在魏玛的感受将会更难过吧？前往魏玛，我一直有种疑问：究竟是人成就了自己的历史命运？还是冥冥之中将人卷进早已架构好的历史宿命，由不得自己地任意被摆布？

还好有宗教信仰，否则思考这些议题可是会让人发疯的。

我的魏玛经验基本是愉快的，我所下榻饭店的经理，坚持在我停留魏玛期间请我品尝美酒、享受美食。我非常感谢并珍惜能在复杂的思绪中，享受快乐的时光。

图书在版编目（CIP）数据

走进一座大教堂 / 范毅舜著 . — 长沙 : 湖南美术出版社 , 2018.3（2018.6 重印）
ISBN 978-7-5356-8204-8

Ⅰ . ①走… Ⅱ . ①范… Ⅲ . ①教堂—建筑艺术—欧洲
Ⅳ . ① TU252

中国版本图书馆 CIP 数据核字 (2017) 第 276017 号

原书名：《走进一座大教堂：探寻德法古老城市、教堂、建筑的历史遗迹与文化魅力》
作　者：范毅舜
本书由积木文化出版事业部［城邦文化事业（股）公司］正式授权

本书中文简体版由银杏树下（北京）图书有限责任公司出版。

走进一座大教堂
ZOUJIN YI ZUO DA JIAOTANG

出 版 人：黄　啸
著　　者：范毅舜
出版策划：后浪出版公司
出版统筹：吴兴元
编辑统筹：蒋天飞
特约编辑：柳　洋
责任编辑：贺澧沙
营销推广：ONEBOOK
装帧制造：墨白空间 · 黄海
出版发行：湖南美术出版社　后浪出版公司
印　　刷：北京盛通印刷股份有限公司
开　　本：720 × 1030　　1/16
字　　数：240 千字
印　　张：33
版　　次：2018 年 3 月第 1 版
印　　次：2018 年 6 月第 2 次印刷
书　　号：ISBN 978-7-5356-8204-8
定　　价：198.00 元

读者服务：reader@hinabook.com 188-1142-1266
投稿服务：onebook@hinabook.com 133-6631-2326
直销服务：buy@hinabook.com 133-6657-3072
网上订购：www.hinabook.com（后浪官网）